普通高等教育"十三五"规划教材

电子信息科学与工程类专业规划教材

单片微型计算机

实验与实践教程

陈黎娟　吴开志　万在红　编著

电子工业出版社

Publishing House of Electronics Industry

北京·BEIJING

内 容 简 介

单片机技术实验与实践是掌握单片机接口与程序设计技术至关重要的一个环节。本书旨在通过一系列实验设计，展示单片机硬件的原理、接口扩展技术和单片机汇编语言程序设计的方法，并通过动手达到掌握这一技术的目的。

全书分 5 章，第 1 章介绍 Keil μVision 软件的使用；第 2 章介绍 MCS-51 单片机实验系统的组成及原理；第 3 章介绍单片机软件程序设计的实验；第 4 章介绍单片机硬件、接口技术和综合应用的实验；第 5 章介绍进行单片机应用系统开发的过程、软件工具及基本方法，同时附上一组开展课程设计的参考题目。全书内容的安排着重考查对学生基本能力、基本方法的学习与训练，通过循序渐进的方法，使读者逐步掌握单片机汇编语言程序设计、I/O 接口应用、外部接口扩展方法及简单应用系统的设计，最终达到具备开发、设计以单片机技术为核心的电子应用系统的能力。

本书可作为高等学校电子信息工程、通信工程、电子科学与技术、自动化、仪器仪表、机械电子工程等本科专业单片机技术课程的实验教学用书，也可作为本科学生开放性实验、专业课程设计、毕业设计及单片机技术相关的系统开发的参考用书。

图书在版编目 (CIP) 数据

单片微型计算机实验与实践教程 / 陈黎娟，吴开志，万在红编著. — 北京：电子工业出版社，2016.3

电子信息科学与工程类专业规划教材

ISBN 978-7-121-28066-5

I. ①单… II. ①陈… ②吴… ③万… III. ①单片微型计算机－高等学校－教材 IV. ①TP368.1

中国版本图书馆 CIP 数据核字（2016）第 009889 号

策划编辑：王晓庆

责任编辑：王晓庆

印　　刷：北京虎彩文化传播有限公司

装　　订：北京虎彩文化传播有限公司

出版发行：电子工业出版社

　　　　　北京市海淀区万寿路 173 信箱　　邮编：100036

开　　本：787×1092　1/16　印张：14　　字数：404 千字

版　　次：2016 年 3 月第 1 版

印　　次：2024 年 7 月第 13 次印刷

定　　价：32.00 元

凡所购买电子工业出版社图书有缺损问题，请向购买书店调换。若书店售缺，请与本社发行部联系，联系及邮购电话：(010) 88254888，88258888。

质量投诉请发邮件至 zlts@phei.com.cn，盗版侵权举报请发邮件至 dbqq@phei.com.cn。

本书咨询联系方式：(010) 88254113，wangxq@phei.com.cn。

前　言

自 20 世纪 70 年代初世界上出现了第一款微处理器以来，微型计算机技术得到了迅猛的发展。特别是单片微型计算机技术的应用，使得许多电子类、机电类产品的设计发生了革命性的变化。应用微型计算机技术开展相关产品的设计、研发，已成为电子类及相关专业本科学生必备的基本能力之一。鉴于 MCS-51 单片机具有功能丰富、结构简单、易学易用、成本低廉、种类繁多等优势，在国内各领域具有较广泛的应用市场。许多高校也以 MCS-51 系列单片机为内容开设单片机技术及相关的课程，通过学习和掌握 MCS-51 系列单片机技术，可以为学生开展课外科技创新活动、完成后续的相关课程设计、毕业设计环节及就业提供了良好的条件；另外，也为进一步学习 DSP、ARM 等嵌入式系统技术打下基础。由于单片机技术属应用技术类课程，其特点是实践性极强，除理论讲授外，必须通过亲自动手实践才能完全理解课程的内容，并真正掌握其应用的方法，因此，实验环节和实践动手对课程的教学效果起到至关重要的作用，这也是编写本书的出发点。

为实现这一目标，本书从初学者角度出发，在内容的编排上，由浅入深、由易到难、循序渐进；从对市场上常用的 Keil μVision 开发软件熟悉开始，到实验系统电路模块的认识，从掌握汇编语言 A51 程序设计实验入门，到单片机内部功能模块实验、硬件扩展接口实验，再到简单的综合性、设计性实验，最后提供了进行系统设计的方法介绍及进行综合性训练的课程设计题目。这种安排既适合初学者一步步按顺序进行动手训练，扎实推进；也可为具有一定基础的读者选择合适的起点，做更进一步的学习与锻炼。在具体实验项目的设计上，既注重实验基本原理的介绍，又充分考虑实验内容与原理的充分结合，并使实验线路和程序尽量接近工程实际应用，充分激发学生进行实验的兴趣与积极性。通过各实验项目的学习与训练，既可加深理解理论课程学习的原理，同时又提高实际操作和应用单片机技术的能力，真正做到学以致用。

全书共 5 章，第 1 章介绍 Keil μVision 软件的使用；第 2 章以 DJ-5286K 为原型介绍进行单片机实验的实验系统组成、各实验模块的电路原理；第 3 章是单片机软件程序设计的实验，介绍在实际应用中常用的软件设计思路和需通过实验进行训练的程序模块；第 4 章介绍单片机硬件、接口技术和综合应用的实验，通过实验掌握单片机接口和应用技术的基本能力；第 5 章主要介绍进行单片机应用系统开发的过程、软件工具及基本方法，同时附上一组进行课程设计的参考题目。

本书由南昌航空大学信息工程学院的陈黎娟、吴开志、万在红老师编著，俞子荣教授主审，王琪教授副审；在编写过程中，邓洪峰、陶秋香老师及研究生徐明萌、杨辉同学参与了资料收集、编排和校稿工作；并得到了南昌航空大学单片机与嵌入式系统实验中心同事们的关心与帮助；本书的出版得到了南昌航空大学教材建设基金的资助；同时电子工业出版社的王晓庆编辑在出版过程中也给予了大力的支持。在此一并表示感谢。

由于编写时间仓促，作者水平又有限，书中错误及不妥之处在所难免，恳请广大读者和专家批评指正。

编　者
2016 年 3 月

目　　录

第 1 章　Keil C51 仿真开发系统的介绍

1.1　Keil C51 仿真开发系统软件概述

　　Keil C51 软件是众多单片机应用开发的优秀软件之一，它集编辑、编译、仿真于一体，支持汇编、C 语言的程序设计，界面友好。与汇编相比，C 语言在功能、结构性、可读性、可维护性上有明显的优势，而且易学易用。

　　Keil C51 是美国 Keil Software 公司出品的 51 系列兼容单片机C语言软件开发系统，它集项目管理、源程序编辑、程序调试于一体，是一个强大的集成开发环境。Keil μVision 集成开发环境支持 Keil 的各种 8051 工具，包括：C51 编译器，A51 宏汇编器、连接/定位器及 Object-hex 转换程序，可以帮助用户快速有效地实现嵌入式系统的设计与调试。采用 C 语言进行单片机系统的开发，具有避免人工分配寄存器、移植容易等优点。

　　Keil C51 软件提供丰富的库函数和功能强大的集成开发调试工具，全 Windows 界面。另外重要的一点，只要看一下编译后生成的汇编代码，就能体会到 Keil C51 生成的目标代码效率非常之高，多数语句生成的汇编代码很紧凑，容易理解。在开发大型软件时，更能体现高级语言的优势。如果使用 C 语言编程，那么 Keil 几乎就是不二之选，即使不使用 C 语言而仅用 A51 汇编语言编程，其方便易用的集成环境、强大的软件仿真调试工具也易达到事半功倍的效果。

　　本书中，综合实验仪串行监控模式是在可视化 Windows 环境下，上位机软件采用 Keil C51 仿真开发系统，启动串行监控源语句调试软件，利用微机向综合实验仪发送串行监控命令，综合实验仪的微处理器 8051 根据监控命令做相应的动作。在该种工作模式下，做实验时用到的微处理器是仿真器上的微处理器。

　　上位机软件 Keil C51 仿真开发系统具有编辑、连接、动态调试综合实验仪的硬件接口等功能。在串行监控模式下的上位机软件 Keil C51 仿真开发系统的详细使用说明见 1.3 节。

1.2　硬　件　安　装

1. 连接仿真板

　　Keil_CPU 是一个支持 Keil C51 系统软件的仿真模块，仿真模块板用一片 SST89E58RDA 单片机（主 CPU）和一片 ATMEGA8515 单片机（用户 CPU）来实现仿真功能，两片 CPU 之间通过一组 I/O 引脚进行通信，主 CPU 负责实验程序的仿真，用户 CPU 负责与 Keil C51 μVision 进行通信。把 Keil_CPU 仿真模块按 CPU 正方向（芯片缺口朝上）插入综合实验仪中的"CPU 插卡区"，同时将 CPU 选择开关拨向"51"，即完成安装。

2. 系统通信口

　　将综合实验仪上的通信选择开关 KB6 拨向"51"，这是与 Keil C51 进行通信的接口，Keil C51 通过这个串口发送命令到仿真单片机。

1.3 Keil C51 仿真开发系统软件使用

1.3.1 Keil C51 软件的安装

将带有 Keil C51 安装软件的光盘放入光驱里，打开光驱中带有 Keil C51 安装软件的文件夹，双击文件夹中的安装文件即开始安装。如果计算机上已经安装了其他版本的 Keil C51 的软件，建议先卸载掉，然后再安装本软件，如图 1.1 所示。

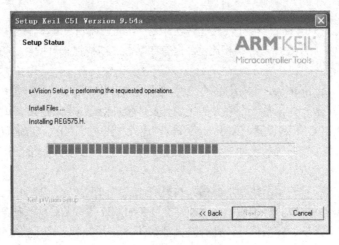

图 1.1　软件安装示意图

1.3.2 Keil C51 软件的使用

1．软件界面介绍

Keil μVision5 软件界面由 4 大部分组成：菜单工具栏、工程项目管理窗口、文件编辑窗口和输出窗口，如图 1.2 所示。

（1）菜单工具栏：共有 11 个下拉菜单，界面上还列有可执行不同功能的快捷键，如图 1.3 所示。

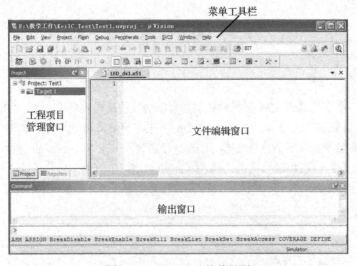

图 1.2　Keil μVision 软件界面

图 1.3　菜单工具栏

（2）工程项目管理窗口：用来管理项目文件并显示文件目录，它由项目（Project）、寄存器（Registers）、指南（Books）、函数（Functions）等窗口组成。在项目窗口中可查看装入的各项目文件；在寄存器窗口中显示 51 系列单片机的工作寄存器、特殊功能寄存器及相对应的内容；在指南窗口中列出了对 Keil C51（μVision5）软件的详细介绍。可通过单击窗口下方的标签切换打开，如图 1.4 所示。

（3）文件编辑窗口：用于程序的编辑和显示。此窗口中可显示多个程序，还可显示程序汇编后的程序代码和所在地址。

（4）输出窗口：用于编译、调试和运行后所得结果信息的输出显示。它由编译、命令和搜索窗口组成，可通过菜单工具栏中的快捷键切换打开。

在程序调试过程中对所得结果信息的输出，Keil μVision5 还提供许多的信息窗口，如存储器窗口、变量观察窗口等，如图 1.5 所示。

图 1.4　工程项目管理窗口

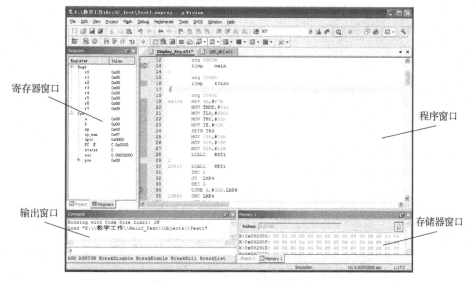

图 1.5　Keil μVision 软件信息窗口

2．操作

1）创建工程名

（1）选择【Project】→【New μVision Project】选项，如图 1.6 所示；

（2）在弹出的"Create New Project"对话框中选择要保存项目文件的路径，在"文件名"文本框输入项目名，然后单击"保存"按钮，如图 1.7 所示；

（3）这时会弹出一个对话框，要求选择单片机的型号，选择后单击"确定"按钮，如图 1.8 所示。

2）输入设计的模块文件

（1）这时可以开始建立新的源程序文件（包括.c 文件、.h 文件或.asm 文件），通过选择【File】→【New】选项或单击工具栏上快捷键中的"📄"按钮来进行，如图 1.9 所示。

图 1.6　新建工程示意图

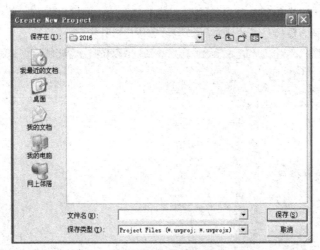

图 1.7　工程项目保存对话框

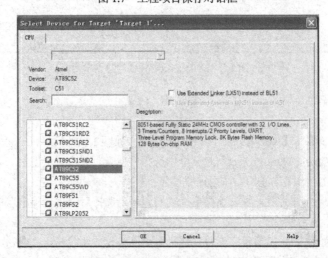

图 1.8　单片机型号选择对话框

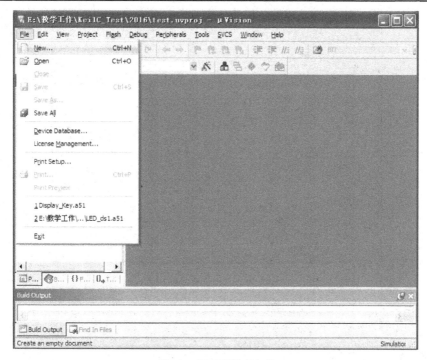

图 1.9　新建源程序文件

（2）在弹出的程序文本框中输入所设计的程序，如图 1.10 所示。

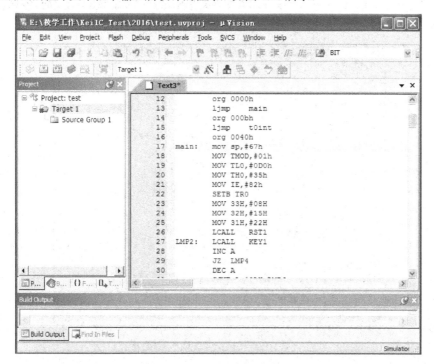

图 1.10　源程序文件输入

（3）选择【File】→【Save】选项或单击工具栏上快捷键中的"📄"按钮，在弹出的"Save As"对话框中输入文件名（后缀为.c 或.asm），单击"保存"按钮，保存文件，如图 1.11 所示。

图 1.11　文件保存示意图

（4）重复步骤（1）～（3），建立所有设计的模块。

（5）修改程序时，直接打开要修改的文件，修改完成后，单击"保存"按钮，保存文件即可。

3．将模块文件选入工程

（1）单击文本编辑框左侧 Target1 前面的+号，展开里面的内容 Source Group1。

（2）用鼠标右击 Source Group1，在弹出的快捷菜单中选择"Add Existing Files to Group 'Source Group1'"选项，如图 1.12 所示。

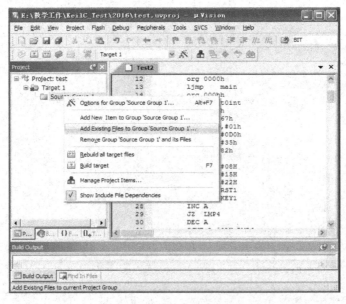

图 1.12　将模块文件选入工程

（3）在弹出的"Add Files to Group 'Source Group1'"对话框中逐个选择需加入的文件，并单击"Add"按钮，然后单击"Close"按钮，关闭对话框，如图 1.13 所示。

（4）确认在 Source Group1 目录中包含所有需要的文件，否则重复（2）和（3）步。

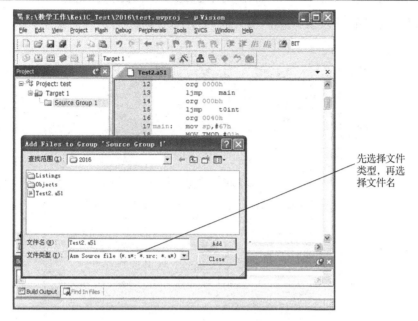

图 1.13　选择需要加入的文件

4．设置环境

（1）用鼠标右击 Target1，在弹出的快捷菜单中选择 "Options for Target 'Target1'" 选项，或单击工具栏上快捷键中的 "🛠" 按钮。

（2）在弹出的 "Options for Target 'Target1'" 对话框中设置编译环境：单击 "Debug" 菜单，在此菜单中可选择是使用硬件仿真，还是软件仿真；若选中 "Use Simulator"，将做软件仿真实验（无须硬件电路支持的实验）调试；若连接实验箱做实验时选择硬件仿真，单击硬件仿真选项后面的[Settings]选项，在此对话框中选择串口 "Port" 和波特率 "Baudrate"，串口根据所连计算机来决定；波特率为 57600 或 115200。只需对串口、波特率进行设置，其他选项不用设置，均取默认值即可，如图 1.14 所示。

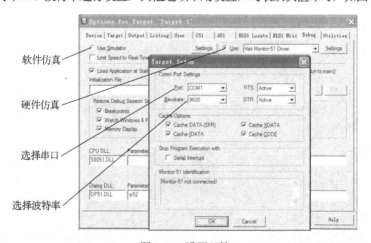

图 1.14　设置环境

5．编译程序

选择【Project】→【Rebuild all target files】选项，或单击工具栏上快捷键中的 "🔳" 按钮，如

果编译成功,状态框将显示"0 Error(s), 0 Warning(s)";否则修改源程序,重新编译,直到成功,如图 1.15 所示。

图 1.15 程序编译示意图

6. 调试程序

选择【Debug】→【Start/Stop Debug Session】选项,或单击工具栏上快捷键中的"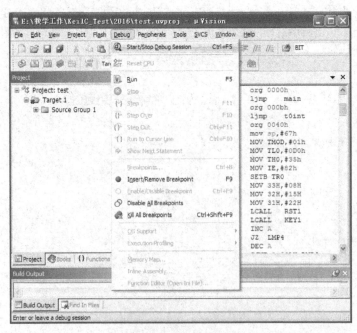"按钮,进入调试界面,如图 1.16 所示。

图 1.16 启动程序调试

在调试界面中可以对程序进行单步或全速运行的调试，如图 1.17 所示。

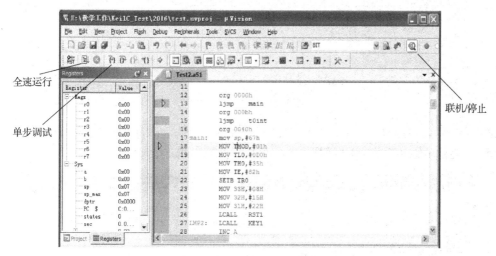

图 1.17　调试界面

若要查看内存中的数据，选择【View】→【Memory Windows】，或单击工具栏上快捷键中的"▦"按钮，如图 1.18 所示。

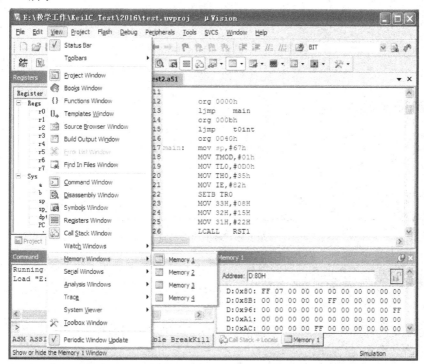

图 1.18　打开内存数据窗口

在其地址（Address）框中，输入不同的指令可查看不同存储区的数据，格式如图 1.19 所示。

C：XXXXH，显示 ROM 程序存储区数据，XXXXH 为具体地址。

X：XXXXH，显示外部 RAM 存储区中数据。

D：XXH，显示 CPU 内部 RAM 区中数据。

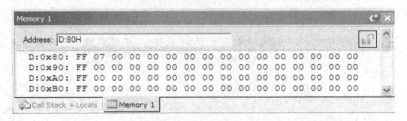

图 1.19　调试数据查看

若要修改内存中的数据，在对应内存数据上方右击，选择"Modify Memory at D:0x80"，如图 1.20 所示，在弹出的对话框中写入数据后单击"OK"按钮，如图 1.21 所示。

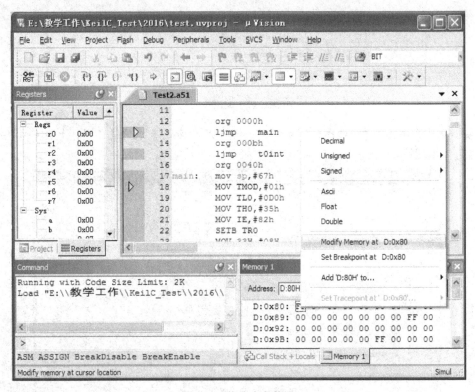

图 1.20　修改内存数据

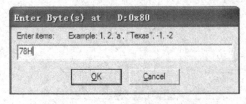

图 1.21　向内存写入数据示意图

若要查看变量的数据，选择【View】→【Watch Windows】选项，或单击工具栏上快捷键中的" 📷 "按钮，在变量观察窗口中"Name"栏中用鼠标单击<Enter expression>至蓝色框，写入变量名后回车，即可在 Value 栏中显示此变量值，如图 1.22 所示。

注意：用户程序在全速运行后，若按仿真板上 RST 复位按钮，此时仿真器存储器数据清零；如果要再次运行所编写的程序，就必须重新装载运行。

在调试的过程中，若要看 I/O 口的变化，单击【Peripherals】→【I/O-Ports】选项，选好要观察的 P 口单击，会弹出 P 口的状态窗口，然后单击" 👣 "按钮单步运行程序，P 口的状态将随着程序而变化，如图 1.23、图 1.24 所示。

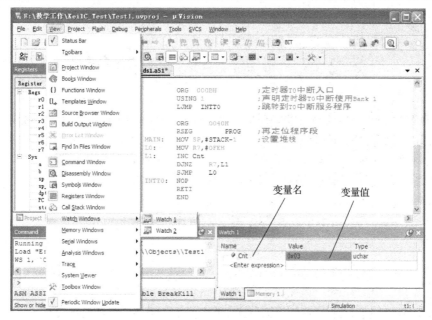

图 1.22　查看变量数据

图 1.23　选择观察的 I/O 口

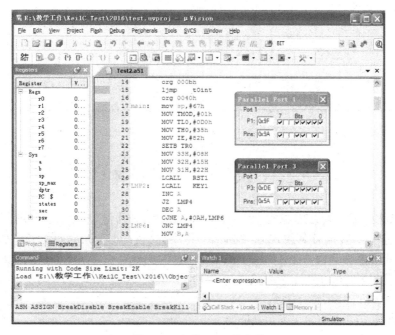

图 1.24　查看 I/O 口的变化

第 2 章 实验系统装置的介绍

本书是在 DJ-5286K 模块化单片机、微机实验系统中完成的,该系统由仿真器、综合实验仪、软件、电源组成,实验平台提供各类实验模块,CPU 资源均开放;计算机系统端软件提供实验调试的环境,软件运行环境为 Windows 98 以上版本平台;计算机与综合实验仪之间采用 RS-232 串口进行通信,这种结构既可由软件进行"模拟"实验,又可进行联机验证实验结果。

2.1 实验系统组成及布局

实验系统的总体布局如图 2.1 所示,由图可见,整个综合实验仪由 CPU 仿真模块、I/O 及总线端口、信号产生模块、通信接口及一系列实验模块电路组成。CPU 仿真板及接口是整个实验系统的核心,一方面,通过 RS-232 接口与运行在计算机系统上的 Keil C 仿真开发环境进行交互,另一方面,通过与相应的实验模块组合便可构成所需的实验线路。而信号产生模块则为完成实验提供基本的信号源。

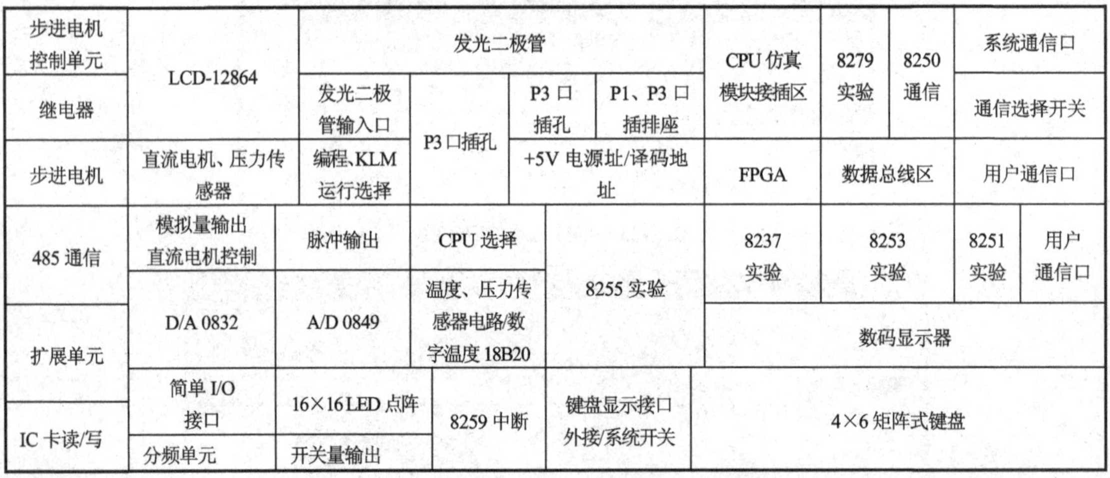

步进电机控制单元	LCD-12864	发光二极管				CPU 仿真模块接插区	8279 实验	8250 通信	系统通信口
继电器		发光二极管输入口	P3 口插孔	P3 口插孔	P1、P3 口插排座				通信选择开关
步进电机	直流电机、压力传感器	编程、KLM 运行选择		+5V 电源址/译码地址		FPGA	数据总线区		用户通信口
485 通信	模拟量输出直流电机控制	脉冲输出	CPU 选择	8255 实验		8237 实验	8253 实验	8251 实验	用户通信口
扩展单元	D/A 0832	A/D 0849	温度、压力传感器电路/数字温度 18B20			数码显示器			
IC 卡读/写	简单 I/O 接口	16×16 LED 点阵	8259 中断	键盘显示接口外接/系统开关		4×6 矩阵式键盘			
	分频单元	开关量输出							

图 2.1 实验系统的总体布局

2.2 CPU 仿真模块及接口

51CPU 仿真模块采用双 CPU 结构。其中 SST89E58RDA 作为仿真芯片,执行用户程序,利用 P4 口与管理 CPU 进行通信,彻底释放 P3.0、P3.1;另外采用 ATMEGA8515 作为管理 CPU,负责仿真器和 Keil μVision 之间的通信,接收并执行 Keil 软件的各项命令。不占用 SST89E58RDA 仿真芯片的 UART 口和 T2 定时器,可方便仿真串行通信接口功能。其组成框图如图 2.2 所示。

51CPU 仿真模块的主要特点如下。

(1)直接支持 Keil μVision 开发仿真环境。

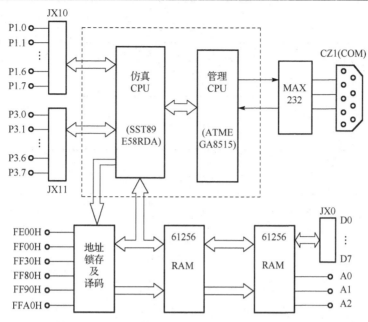

图 2.2　51CPU 仿真模块的组成框图

（2）可以使用 C51 语言或 ASM 汇编语言进行调试。

（3）可执行单步、断点、全速、停止、在线编辑、编译、目标代码下载等操作，具有极速下载、快速单步和全速运行等功能；可查看寄存器、RAM 和变量。

（4）可以真实仿真 51 系列单片机的 P0、P1、P2、P3 的 32 条 I/O 脚，包括任意使用 P3.0 和 P3.1 口，P0 和 P2 在仿真过程中可以同时作为 I/O 或总线使用。

（5）可以仿真 63KB 内部程序空间，用户可以直接下载最多 63KB 大小的程序在仿真器中。

（6）可以仿真 64KB 的全部 xdata 地址空间。

（7）有脱机运行用户程序模式，这时仿真机就相当于目标板上烧好的一个芯片，可以更加真实地运行。

（8）监控程序和用户代码分离，并采用双重保护，避免产生不能仿真的软故障。

（9）具有全速运行程序暂停功能，并可以从暂停处继续运行。

（10）断点数量增加到 20 个，使调试更简单。

由图 2.2 可见，MAX232 组成的电平转换电路实现计算机系统的 COM 口与仿真模块中的管理 CPU 之间的数据通信，为方便实验，仿真模块扩展了两片 32K×8 位的高速静态 RAM 存储器，其地址范围为 0000H～FDFFH；FE00H～FFFFH 为 I/O 扩展空间，仿真模块对这一 I/O 扩展地址空间进行了译码，以便实验使用，同时将所有端口，包括 P1 口、P3 口、数据总线 D0～D7、部分地址总线 A0～A2、I/O 地址译码等以插针、插孔方式输出，方便进行实验线路的扩展和组合。输出端口的安排如表 2.1 所示，其中 P1、P3 口及实验扩展端口地址的插孔位置如图 2.3 所示；存储器地址分配、I/O 扩展地址分配及使用如表 2.2 所示。

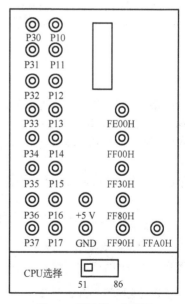

图 2.3　扩展端口位置图

表 2.1　I/O 输出端口的安排

序　号	端口名称	插针标号	是否插孔输出
1	数据总线 D0～D7	JX0，JX17	否
2	地址总线 A0～A2		是
3	P1 口	JX10	是
4	P3 口	JX11	是
5	I/O 扩展地址译码		是

表 2.2　存储空间地址安排表

序　号	名　　称	地址范围	用途	标　号	说　　明
1	程序存储器	0000H～FFFFH	用户实验程序		
2	数据存储器	0000H～FDFFH	用户数据		
3	实验用 I/O 地址	FE00H～FEFFH	用户扩展使用	FE00H	256 个 I/O 地址
4		FF00H～FF1FH	用户扩展使用	FF00H	32 个 I/O 地址
5		FF30H～FF7FH	用户扩展使用	FF30H	80 个 I/O 地址
6		FF80H～FF8FH	用户扩展使用	FF80H	16 个 I/O 地址
7		FF90H～FF9FH	用户扩展使用	FF90H	16 个 I/O 地址
8		FFA0H～FFFFH	用户扩展使用	FFA0H	96 个 I/O 地址
9	系统用 I/O 地址	FF20H	系统 8255 PA 口		键扫/LED 字位
10		FF21H	系统 8255 PB 口		LED 字形口
11		FF22H	键盘行入		键盘行入
12		FF23H	系统 8255 控制口		命令/状态口
13	扩展用 I/O 地址	FF28H	扩展 8255 PA 口		实验扩展
14		FF29H	扩展 8255 PB 口		实验扩展
15		FF2AH	扩展 8255 PC 口		实验扩展
16		FF2BH	扩展 8255 控制口		命令/状态口

2.3　实验模块电路原理

综合实验仪主板由许多独立的硬件实验模块组成，可用它们组成各种各样的硬件实验。线路板上的“O”形圆孔用来作为测试孔或用于连接导线，组成实验电路。以下将详细地介绍各个实验模块的电路原理图及其功能与用途。

2.3.1　基本实验模块单元电路

1. LED 发光二极管指示电路

实验平台上有 12 只发光二极管及相应驱动电路，如图 2.4 所示，L1～L12 为相应 LED 发光二极管驱动信号的输入端，输入低电平“0”时，点亮发光二极管。

2. 逻辑电平开关电路

实验平台上有 8 只拨动开关 K1～K8，如图 2.5 所示，与之相对应的 K1～K8 这 8 个引线孔为逻辑电平输出端。开关向上拨，相应插孔输出为“1”高电平，反之，输出为“0”低电平。

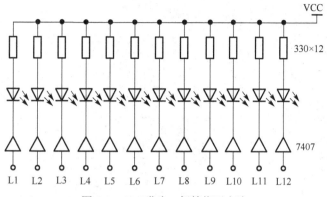

图 2.4　LED 发光二极管指示电路

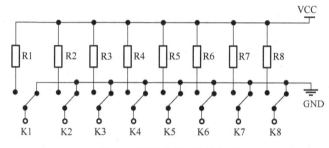

图 2.5　逻辑电平开关接线图

3. 显示器驱动与键盘接口模块

模块电路中提供了 6 只共阴数码管和 24 个按键，由 JLED 插排接入的 8 根数码管段控制信号是由 74LS240 驱动后接所有 6 个 LED 数码管的段控制端，由 JS 插排引入的 6 根位控信号经 75451 驱动后接各数码管的 COM 公共端。

24 个按键在逻辑图上构成一个 4×6 矩阵式键盘，4 根行输入线引向 JR 转接口，6 根列扫描线引向 JS 转接口，如图 2.6 所示。

4. 系统 8255 键盘、显示管理模块

实验平台配置了一片系统的 8255 键盘、显示接口芯片，其构成的电路原理图如图 2.7 所示。8255 芯片的数据、地址及控制总线与 CPU 模块直接连通，其片选地址为 FF20H。相应 8255 的 PA 口地址为 0FF20H，PB 口为 0FF21H，PC 为口 0FF22H，控制命令口为 0FF23H。8255 输出端口经 74LS245 驱动后直接控制图 2.6 所示的键盘、显示电路，其中 PB 口作为 LED 显示的段控信号，通过 74LS245 控制后连接至 JLED；PA 口作为 LED 位控和键盘的列扫描输出信号，通过 74LS245 控制后连接至 JS，而 PC 口作为键盘的行入信号，通过 74LS125 控制后连接至 JR。图 2.7 与图 2.6 共同构成一个完整的 8255 控制的键盘、显示模块。同时为使图 2.6 所示电路能与其他模块共享，在图 2.7 中的 74LS245 驱动芯片的 $\overline{OE}$ 端安装了一开关，当开关使 $\overline{OE}$ 为"1"时，断开了 8255 与图 2.6 所示电路的连接。图 2.6 的键盘、显示电路便可由其他接口模块电路控制。

由于 PB 口线与 LED 数码管的段控制脚之间的位置已确定，编程时控制 LED 字符显示所需的字形码如附件 C 中的附表 C.5 所示。

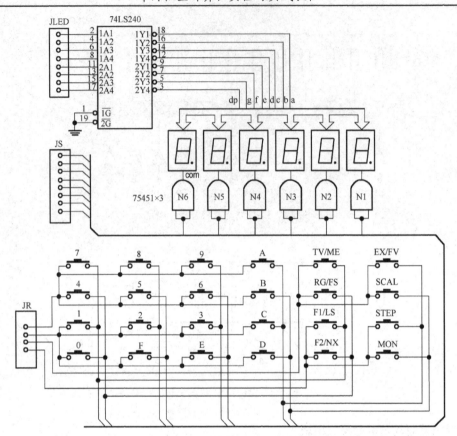

图 2.6　键盘与显示器电路

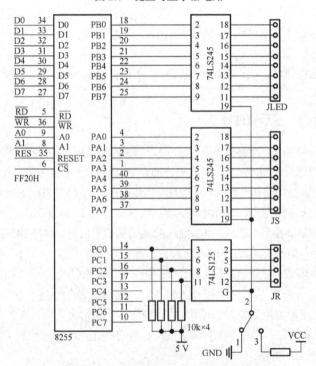

图 2.7　系统 8255 键盘、显示接口电路

5. 简单 I/O 扩展模块

图 2.8 所示为由 74LS244 和 74LS273 构成的简单 I/O 口扩展模块电路,其中 74LS244 为输入扩展。输入信号通过 Y0~Y7 插孔输入到 74LS244 的输入端,输出通过 JX7 连至系统的数据总线,端口地址由连到 CS1 的 I/O 端口地址引线决定。74LS273 为输出扩展,数据总线通过 JQ 连到 74LS273 的输入端,锁存的输出信号经 Q0~Q7 输出,端口地址由连至 CS2 的 I/O 地址引线决定。

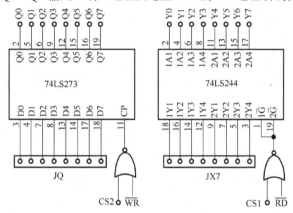

图 2.8　I/O 口扩展模块电路

6. ADC0809 模数转换模块

实验中采用的 A/D 转换器为 ADC0809,它是一种 8 路模拟输入,8 位数字输出的逐次逼近型 A/D 转换器件,转换时间约为 100μs。电路如图 2.9 所示,模拟信号可从 IN0~IN7 输入,转换结果的输出可由 JX6 送至系统的数据总线。A/D 转换器的端口地址由连至 CS4 的 I/O 端口地址线决定。若采用查询方式控制 A/D 转换,也可读取其提供的 EOC 信号。

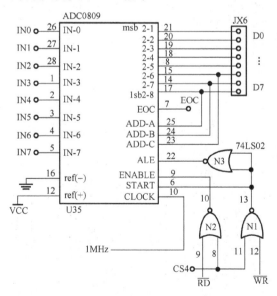

图 2.9　A/D 转换模块电路

7. DAC0832 数模转换模块

实验电路中 DAC0832 采用单级缓冲连接方式,如图 2.10 所示。V_{ref} 参考电压的极性和大小决定了输出电压的极性与幅度。实验台上 V_{ref} 的电压为–5V，模块的输出电压为 0～5V。D/A 转换的输入需由 JX2 连至系统的数据总线，转换的模拟量由 Aout 插孔输出，A/D 转换的端口地址由连至 CS5 的 I/O 端口地址引线决定。

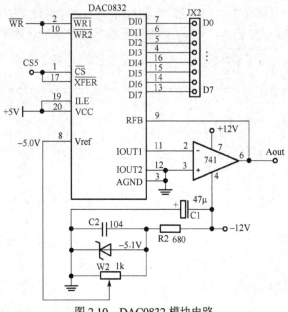

图 2.10　DAC0832 模块电路

8. 8255 I/O 扩展模块

该模块是单片机外扩展的 I/O 接口电路，它将 8255 可编程并行 I/O 接口中 PA、PB、PC 口，共 24 根端口线全部用插孔引出来，可分别用导线连接到其他电路；另 PA、PB、PC 口又分别连至 JX9、JX15、JX16 单排插座上，可通过排线与其他电路相连，如图 2.11 所示。扩展的 8255 地址固定分配为：PA 口 0FF28H；PB 口 0FF29H；PC 口 0FF2AH，控制命令口 0FF2BH。

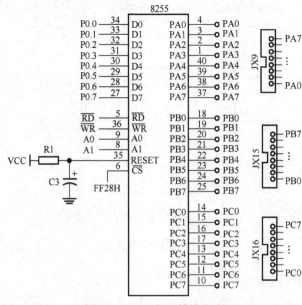

图 2.11　8255 扩展模块电路

9．8253 计数器扩展模块

图 2.12 所示为 8253 计数器扩展电路，一方面，8253 的数据总线、地址总线、控制总线已由内部连接至 CPU 系统的相应总线，但端口地址由 CS3 插孔引出，其地址由连至 CS3 的 I/O 端口地址线决定。8253 内部共有三个计数器通道，实验装置只通过插孔引出了其中的通道 0（CLK0、GATE0、OUT0）和通道 1（CLK1、GATE1、OUT1）。

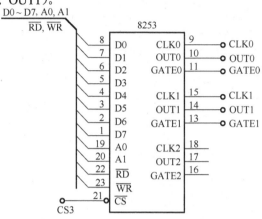

图 2.12　8253 模块电路

10．8279 键盘、显示管理模块

模块电路中，8279 的扫描输出采用的是编码输出方式，SL0～SL2（扫描信号输出线）通过 3-8 译码器 74LS138 后，得到直接可用的扫描线，此线接至转接口 JSL；OUTA0～OUTA3（A 组显示数据输出线）、OUTB0～OUTB3（B 组显示数据输出线）接至转接口 JOUT；RL0～RL3 回复输入线接至转接口 JRL，芯片 8279 的片选端也被引出 CS6，如图 2.13 所示。通过 JOUT、JRL、JSL 单排插座接口与图 2.6 所示的键盘、显示模块电路相连，即可构成 8279 键盘、显示接口电路。

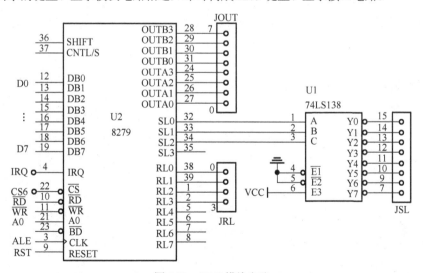

图 2.13　8279 模块电路

11．步进电机实验电路

综合实验仪选用的是四相步进电机，通过切换流过电机每相线圈中电流的顺序来使电机步进式旋

转，驱动电路由 74LS04 和 75452 组成，原理如图 2.14 所示。控制信号由 HA、HB、HC、HD 输入到步进电机驱动电路。

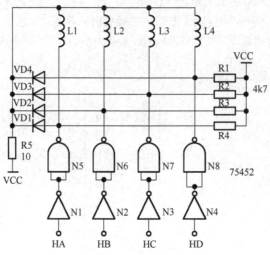

图 2.14　步进电机实验电路

12. 继电器输出模块

继电器控制模块电路如图 2.15 所示，控制信号从 JIN 插孔输入，经 74LS04 和三极管驱动后控制继电器 J 的动作。当控制端 JIN 为低电平时，74LS04 输出高电平，三极管导通，公共触点（JZ）与常开端（JK）吸合；当控制端为高电平时，三极管截止，公共触点（JZ）与常闭端（JB）吸合。将触点串入执行机构的控制回路，则可实现对执行机构的断、通控制。

13. DS18B20 数字温度传感器电路

DS18B20 是一个集成式数字温度传感器，它采用"单总线"接口方式，接口电路如图 2.16 所示。只需将 DQ 插孔连接至 CPU 的双向 I/O 口便可实现对 DB18B20 的控制及温度数据的读取。

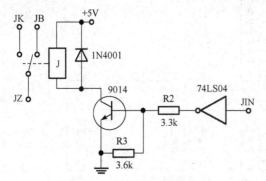

图 2.15　继电器控制模块电路

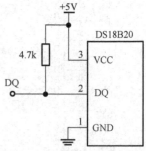

图 2.16　数字温度传感器电路

14. 16×16 LED 点阵显示模块

模块电路中采用了 4 块 8×8 的 LED 点阵组合成 16×16 LED 点阵显示模块电路，由 74LS244 驱动 LED 点阵显示器的行（H0～H7），提供 20mA 的驱动电流输入 LED 点阵显示器的行，由 7407 驱动 LED 点阵显示器的列（L0～L7），电流从行输入、由列输出，从而点亮 LED 点阵显示器中的 LED，如图 2.17 所示。行控制信号从 JHQ、JHPC 单排插座输入，列控制信号由 JLPA、JLPB 单排插座输入。

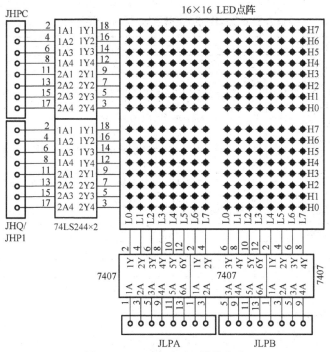

图 2.17　LED 点阵显示模块电路

15．LCD-12864 显示模块

　　点阵 LCD 液晶显示屏 SG12864 的数据信号和一些功能引脚都引到 JX12、JX14 接口上，它可通过 JX12、JX14 单排插座与单片机相连，构成一个点阵 LCD 液晶显示电路，如图 2.18 所示。LCD 12864 点阵液晶显示屏接口 20 个引脚信号的引脚定义如表 2.3 所示。

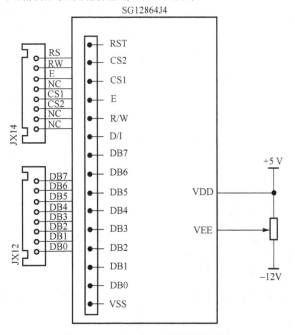

图 2.18　LCD 12864 显示模块电路

表2.3　LCD 12864 点阵液晶显示屏通用接口定义

引　　脚	符　　号	功　能　说　明
1	VSS	电源地：0V
2	VDD	电源：5V
3、18	VEE	LCD 驱动电压：0~-12V
4	D/I（RS）	D/I="H"，表示 DB7~DB0 为显示数据 D/I="L"，表示 DB7~DB0 为指令数据
5	R/W	R/W="H"，E="H" 数据被读到 DB7~DB0 R/W="L"，E="H→L" 数据被写到 IR 或 DR
6	E	R/W="L"，E 信号下降沿锁存 DB7~DB0 R/W="H"，E="H"，DDRAM 数据读到 DB7~DB0
7~14	DB0~DB7	8 位双向数据信号线
15	CS1	高电平有效，选择左半屏片
16	CS2	高电平有效，选择右半屏片
17	RST	复位脚：低电平时复位
19~20	V+、V-	背光照明电源输入正、负极

16. 直流电机控制模块

图 2.19 所示为直流电机及驱动电路，控制电机转速的模拟信号（0~5V）由"DJ"插孔输入，经由 VT1 构成的跟随器后加至小型直流电机，控制电机的转速。同时电机转盘上安装的磁铁将使装于下方的霍尔传感器产生感应信号，经处理后从 HOUT 输出与转速同步的脉冲信号，电机转动一圈，HOUT 输出一个脉冲。

17. 接触式 IC 卡读/写模块

模块电路中 IC 卡座为接触式卡座，当有卡插入时，座内 SS 端短路接地，则 INS 输出高电平，无 IC 卡插入时，INS 输出低电平。INS 端接发光二极管，可根据发光二极管的亮、灭状态来判断 IC 卡插入是否正确。电路中"SDA"为 IC 卡的数据线，"SCL"为 IC 卡的时钟线，这两个信号线都通过插孔引出，经导线可连至系统的 I/O 端口（如 P1 口、P3 口等），如图 2.20 所示。

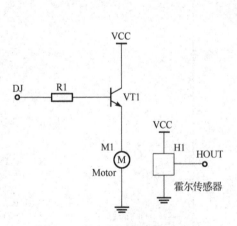

图 2.19　直流电机控制模块电路　　　　　图 2.20　IC 卡读/写电路

18. 压力传感器模块

压力传感器信号处理模块电路如图 2.21 所示。在综合实验仪的中间部分有一金属片，它是电阻式金属应变片型压力传感器。当在金属片上施加一压力时，会引起电路中电桥的不平衡，压力信号经电桥转换为微弱的电压信号，经放大电路放大后产生 0～5V 的电压信号，VP 就是这一电压信号的输出端点。

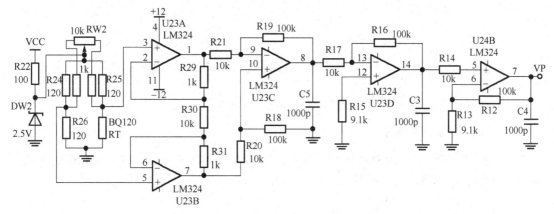

图 2.21　压力传感器模块电路

19. RS-485 通信接口电路

综合实验仪上 485 通信接口电路如图 2.22 所示，采用 MAX485 实现 TTL 电平与 RS-485 电平之间的转换，其中 R0 为接收端，DI 为发送端，$\overline{RE}$ 为 "0" 时控制接收，DE 为 "1" 时控制发送。电路中 "$\overline{RE}$" 和 "DE" 统一由 "R/TEN" 控制，当为 "1" 时，MAX485 处于接收状态，当为 "0" 时为发送状态。RS-485 信号由 "B" / "A" 端口输入/输出。

20. RS-232 通信接口电路

综合实验仪上除配置有用于实验调试的系统通信接口电路外，还设置了用于用户进行串口通信实验的 RS-232 电平转换电路，具体如图 2.23 所示。采用 MAX232 进行电平变换。实验时，只需将 TTL 电平的串行通信信号连接到 "EX-TXD" 和 "EX-RXD"，便可实现与计算机的通信。

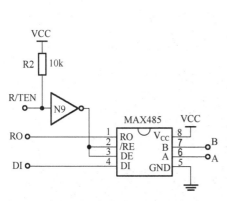

图 2.22　RS-485 通信接口电路

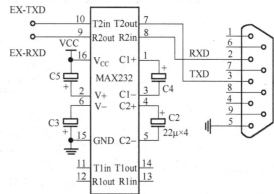

图 2.23　RS-232 通信接口电路

2.3.2　信号源模块电路

1. 单脉冲产生电路

综合实验仪上单脉冲产生电路如图 2.24 所示，标有 "⌐⌐" 和 "⌐⌐" 的两个插孔为正、负单脉冲输出端。开关 AN0 每来回拨动一次，产生一个单脉冲信号。

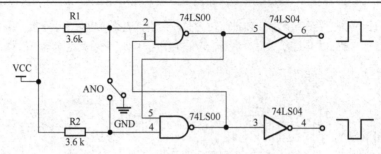

图 2.24　单脉冲产生电路

2. 8MHz 连续脉冲发生器

8MHz 连续脉冲产生电路如图 2.25 所示，它是一个由反相器组成的带晶振的多谐振荡电路。标有"8MHz"的插孔为连续脉冲的输出端，它提供 8MHz 的 TTL 脉冲源。

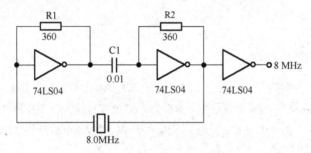

图 2.25　8MHz 连续脉冲产生电路

3. 分频电路

分频电路由一片 74LS393 组成，如图 2.26 所示。T0～T7 为分频输出插孔。该计数器在加电时由 RST 信号清零。当 8MHz 的时钟脉冲加于输入端"T"时，T0～T7 输出脉冲频率依次为 4.0MHz、2.0MHz、1.0MHz、500kHz、250kHz、125kHz、62500Hz 和 31250Hz。

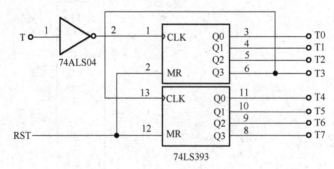

图 2.26　分频电路

2.3.3　外部扩展实验模块电路

除实验系统上固定的模块电路外，系统还配备了多块外扩式实验模块，可根据各实验要求，灵活地运用它们组合搭建不同的实验电路。

1. 扩展单元模块

综合实验仪的平台主板上，除安装了一批前述的固定式实验模块外，还提供了一个用于扩展其他实验模块的扩展区，如图 2.27 所示。扩展区提供了外扩实验模块所需的接口信号，其中 JX-COM 实现扩展区与 CPU 模块数据总线 D0～D7 连接，位于 JX-COM 上方的双排插座则提供扩展区的信号与扩展的实验模块之间的连接。

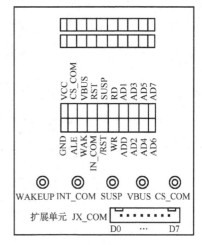

图 2.27　扩展单元模块扩展区

2．Pt-100 电桥与放大模块

Pt-100 电桥与放大电路如图 2.28 所示。电路中电桥为直流电桥，根据电桥平衡原理，当电桥平衡时，输出电压为 0V，随着电桥一肩 Pt-100 铂热电阻阻值的改变使电桥不平衡，则电桥输出一毫伏级的电压差值，该电压差经后面的测量放大器进行放大。放大电路为差分放大器，此测量放大电路输出电压 Vout 与输入电压的差值成正比，改变电阻 R9 的大小，可调节放大器的放大倍数。

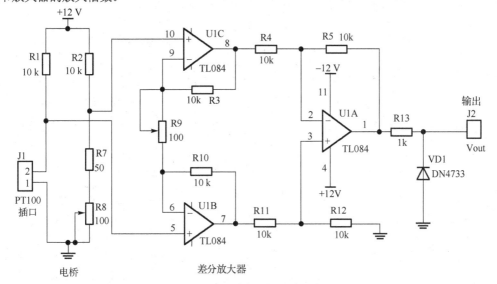

图 2.28　电桥与放大电路

3．温度控制模块

图 2.29 中由三极管 9014 和大功率三极管 TIP122 构成了一个控制加热器通断的开关电路。电路中当输入为"高"时，9014 导通，TIP122 截止，加热器不加热；当输入为"低"时，9014 截止，从而使 TIP122 大功率三极管导通，加热器开始加热，实现对加热器温度的控制。

4．V/F 转换模块

图 2.30 所示为采用 LM331 构成的 V/F 转换电路，它将由 Vin 输入的模拟电压转换成与之成正比的频率信号，由 Fout 插孔输出。Vin 的输入范围为 0～10V，对应的输出频率为 0～100kHz。

5．AD590 温度测量电路

AD590 是电流输出型温度传感器，工作电压为 4～30V，检测温度范围为−55℃～+150℃。AD590 传感器输出信号通过 10kΩ 电阻（R0+VR1）取出电压信号，经零点调整，小信号放大后，输出电压信号 VT。AD590 温度测量模块的电路原理如图 2.31 所示。

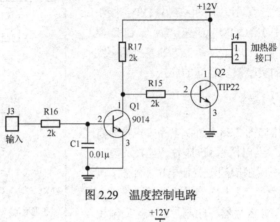

图 2.29　温度控制电路

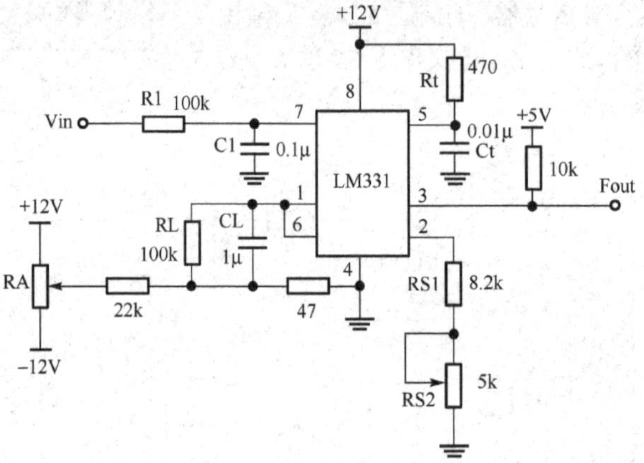

图 2.30　V/F 转换电路

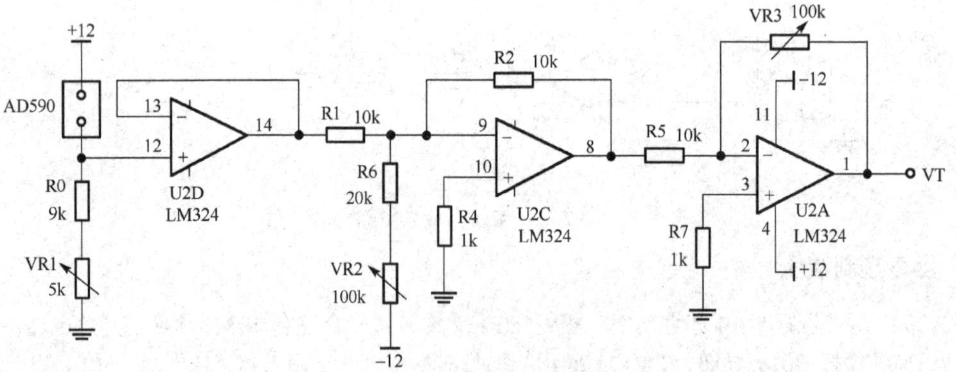

图 2.31　AD590 温度测量电路

6.74LS164 静态显示接口模块

　　静态显示接口电路如图 2.32 所示，电路中采用两片 74LS164 串行输入并行输出的移位寄存器，分别驱动两个共阳式数码显示器，可静态显示两位数字或字符。电路中采用 LM317 可调稳压块构成的降压电路，提供能使发光二极管发亮的导通电流。串行信号由"DAT"端输入，时钟信号由"CLK"端输入。

7.HD7279 键盘显示模块

　　HD7279 是具有串行接口，可同时驱动 8 位共阴式 LED 数码管（或 64 只独立 LED），还可连接多达 64 键的矩阵式键盘的智能显示驱动芯片。其 DIG0～DIG7 和 SA～SG 分别是 64 键盘的列线和行线端口，完成对键盘的扫描、译码和键值的识别。DIG0～DIG7 和 SA～SG 又分别为 8 个 LED 数码管的位驱动输出端和 LED 数码管的 A 段～G 段的输出端。DP 为小数点的驱动输出端。$\overline{CS}$、CLK、DATA、$\overline{KEY}$ 为 HD7279 与 CPU 的通信接口端，$\overline{CS}$ 为片选信号，DATA、CLK 为数据通信的数据端和时钟端，$\overline{KEY}$ 为键盘的状态端。通常它们与 P1 口相连，具体电路原理如图 2.33 所示。

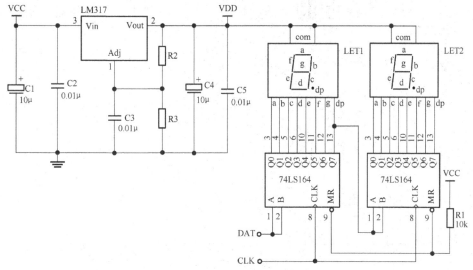

图 2.32   74LS164 静态显示接口电路

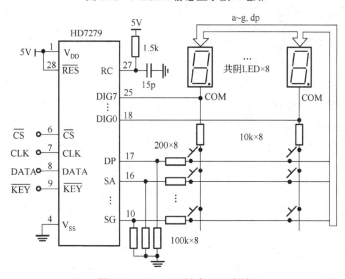

图 2.33   HD7279 键盘显示电路

8．语音控制

图 2.34 所示为由 ISD1420 构成的语音录、放控制原理电路，其中，开关 KC 用于控制录、放的方式，当拨至 HC 时为手动控制，拨至 MC 时为计算机控制。在手动控制模式下，"RECORD"按钮控制录音，"PLAYE"按钮和"PLAYL"按钮分别以"负跳变"或"低电平"方式控制放音。当在计算机控制方式时，ISD1420 的录放状态、语音段的地址及操作模式全部由 74LS373 的输出状态控制。74LS373 的输入连至 CPU 的数据总线，端口地址由连至 CY0 的 I/O 端口地址线决定。录音的源由麦克风（MIC）输入，播放的语音由扬声器（SP）输出。

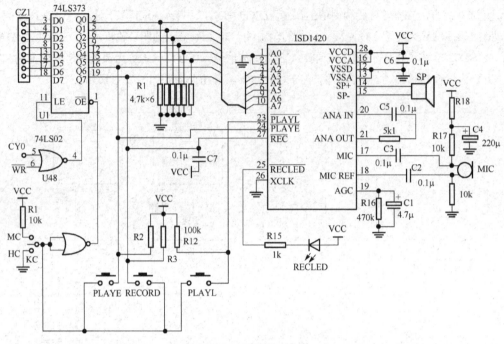

图 2.34　语音控制电路

9. 日历时钟 DS12887 模块

图 2.35 所示为由 DS12887 芯片构成的一日历时钟模块电路,电路中 DS12887 的 AD0～AD7 连至 CPU 系统的数据总线, AS 连至 CPU 的 ALE, DS12887 内部具有地址锁存功能,通过读 $\overline{\text{WR}}$ 、写 $\overline{\text{RD}}$ 信号便可实现 CPU 对 DS12887 的操作。DS12887 的片选地址由连接至 CY0 的 I/O 端口地址决定。此外,模块上还配置了由串/并转换器件 74LS164 构成的 8 位 LED 显示电路,显示电路的 TXD、RXD 输入端可直接连至 CPU 系统的串口输出端。通过串口编程实现对从 DS12887 读出的时钟数据进行显示。

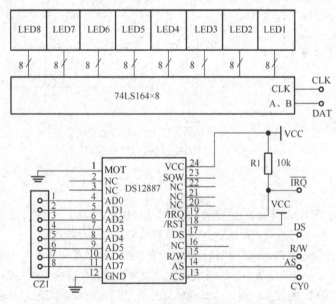

图 2.35　日历时钟电路

第 3 章　MCS–51 汇编语言程序设计实验

3.1　汇编语言程序设计概要

3.1.1　MCS-51 单片机指令系统

1. MCS-51 单片机的寄存器

（1）通用寄存器 **R0～R7**（8 位），物理上共 4 个区，编程逻辑上只有一组 R0～R7；

（2）程序计数器 **PC**（16 位），存放下一条要执行的指令地址（程序存储器地址）；

（3）累加器 **A**（8 位），主要用于运算；

（4）寄存器 **B**（8 位），用于乘除指令中，在其他指令中可作一般 RAM 单元用；

（5）栈指针 **SP**（8 位），SP 指向栈顶；

（6）数据指针 **DPTR**（16 位），主要用来保存 16 位地址，对外部数据存储器可作为间址寄存器用，对程序存储器可作为基址寄存器用。

（7）状态寄存器 **PSW**（8 位），表示程序运行的状态。各位定义如下：

D7	D6	D5	D4	D3	D2	D1	D0
CY	AC	F0	RS1	RS0	OV	—	P

含义分别为：

CY—进位标志；

AC—半进位标志（用于 BCD 加法调整中）；

OV—溢出标志；

P—奇偶标志（A 的"1"的个数为奇，则 P=1，否则 P=0。它随 A 的内容变化而变化）；

RS1，RS0—寄存器区选择标志，它指示当前使用的工作寄存器；

F0—用户标志位（可作为软件通用标志使用）。

2. 指令系统

MCS-51 单片机指令系统有 111 条指令，按操作功能，可分为数据传送、算术运算、逻辑运算、位操作和控制转移等 5 大类。

1）数据传送指令

数据传送指令共有 9 小类，29 条；主要功能为实现数据在寄存器、内部数据存储器、外部数据存储器、程序存储器之间的传输。其传输通道如图 3.1 所示。

注意：① 数据传送指令一般不会影响标志位，只有当目的操作数为 ACC 时，会影响奇偶标志；

② 指令中"direct"表示直接地址，"#data"表示立即数。

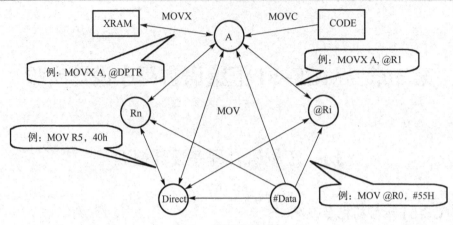

图 3.1 数据传输通道

（1）以累加器 A 为目的操作数的指令

指　令	功　能	标　志　位				说　明
		P	OV	AC	CY	
MOV A, direct	A←(direct)	√	×	×	×	直接地址单元中的内容送到累加器 A
MOV A,#data	A←#data	√	×	×	×	立即数送到累加器 A
MOV A,Rn	A←Rn	√	×	×	×	Rn (n =0~7)中的内容送到累加器 A
MOV A,@Ri	A←(Ri)	√	×	×	×	Ri(i = 0,1)内容指向的地址单元的内容送到累加器 A

（2）以 Rn 为目的操作数的指令

指　令	功　能	标　志　位				说　明
		P	OV	AC	CY	
MOV Rn, direct	Rn←(direct)	×	×	×	×	直接地址单元中的内容送到 Rn
MOV Rn,#data	Rn←#data	×	×	×	×	立即数送到寄存器 Rn
MOV Rn,A	Rn←A	×	×	×	×	累加器 A 中的内容送到寄存器 Rn

（3）以直接地址为目的操作数的指令

指　令	功　能	标　志　位				说　明
		P	OV	AC	CY	
MOV direct, direct	Direct←(direct)	×	×	×	×	直接地址单元中的内容送到直接地址单元
MOV direct,#data	direct←#data	×	×	×	×	立即数送到直接地址单元
MOV direct ,A	direct←A	×	×	×	×	累加器 A 中的内容送到直接地址单元
MOV direct,Rn	direct←Rn	×	×	×	×	寄存器 Rn 的内容送到直接地址单元
MOV direct,@Ri	direct←(Ri)	×	×	×	×	寄存器 Ri 中的内容作为地址的存储单元中的数据送到直接地址单元

（4）以寄存器间接地址为目的操作数的指令

指　令	功　能	标　志　位				说　明
		P	OV	AC	CY	
MOV @Ri, direct	(Ri)←(direct)	×	×	×	×	直接地址单元中的内容送到 Ri 中内容为地址的 RAM 单元
MOV @Ri,#data	(Ri)←#data	×	×	×	×	立即数送到 Ri 中内容为地址的 RAM 单元
MOV @Ri,A	(Ri)←A	×	×	×	×	累加器 A 中的内容送到 Ri 中内容为地址的 RAM 单元

（5）16 位数据传送指令

指　令	功　能	标　志　位				说　明
		P	OV	AC	CY	
MOV DPTR, #data16	DPH←#dataH DPL←#dataL	×	×	×	×	16 位常数的高 8 位送到 DPH，低 8 位送到 DPL

（6）堆栈操作指令

指　令	功　能	标　志　位				说　明
		P	OV	AC	CY	
PUSH direct	SP←SP+1 SP←(direct)	×	×	×	×	堆栈指针首先加 1，直接地址单元中的内容送到堆栈指针 SP 所指向的单元中
POP　direct	direct←(SP) SP←SP−1	×	×	×	×	堆栈指针 SP 所指向的单元内容送到直接地址单元中，堆栈指针 SP 减 1

（7）字节交换指令

指　令	功　能	标　志　位				说　明
		P	OV	AC	CY	
XCH A, Rn	A←→Rn	√	×	×	×	累加器 A 的内容与工作寄存器 Rn 的内容互换
XCH A,@Ri	A←→(Ri)	√	×	×	×	累加器 A 的内容与 Ri 所指向的存储单元的内容互换
XCH A,direct	A←→(direct)	√	×	×	×	累加器 A 的内容与直接地址单元的内容互换
XCHD A,@Ri	A3~0←→(Ri) 3~0	√	×	×	×	累加器 A 中的低半字节的内容和工作寄存器 Ri 所指的存储单元的内容的低半字节互换
SWAP A	A3~0←→A7~4	×	×	×	×	累加器 A 的内容的高低半字节互换

（8）累加器 A 与片外数据存储器的传送指令

指　令	功　能	标　志　位				说　明
		P	OV	AC	CY	
MOVX @DPTR, A	(DPTR)←A	×	×	×	×	累加器 A 中的内容送到数据指针指向的片外 RAM 地址中
MOVX A, @PDTR	A←(DPTR)	√	×	×	×	数据指针所指向的片外 RAM 地址中的内容送到累加器 A
MOVX A, @Ri	A←(Ri)	√	×	×	×	寄存器 Ri 所指向的片外 RAM 地址中的内容送到累加器 A，高位地址由 P2 确定
MOVX @Ri, A	(Ri)←A	×	×	×	×	累加器 A 的内容送到寄存器 Ri 指向的片外 RAM 地址，高位地址由 P2 确定

（9）查表指令

指　令	功　能	标　志　位				说　明
		P	OV	AC	CY	
MOVC A,@A+DPTR	A←(A+DPTR)	√	×	×	×	DPTR 的内容加上 A 的内容，作为存储器地址，将该地址单元的内容送到累加器 A
MOVC A,@A+PC	PC←(PC)+1 A←(A+PC)	√	×	×	×	PC 的内容加上 1，再加上 A 的内容作为存储器地址，将该地址单元的内容送到累加器 A

2）算术运算指令

算术运算指令共有 8 小类，24 条，主要是执行加、减、乘、除四则运算及十进制调整。

注意：① 除 INC、DEC 指令外，运算只能在累加器 A 中进行；

② 加、减法指令的源操作数可以为立即数、直接地址单元内容、工作寄存器及间接地址单元内容，与图 3.1 中所示 MOV 指令相类似；

③ 除 INC、DEC 指令外，算术运算指令都会影响标志位。

（1）加法指令

指　令	功　能	标　志　位				说　明
		P	OV	AC	CY	
ADD A,#data	A←A + #data	√	√	√	√	累加器 A 的内容与立即数#data 相加，结果存于 A 中
ADD A,direct	A←A + (direct)	√	√	√	√	累加器 A 的内容与直接地址单元的内容相加，结果存于 A 中
ADD A, Rn	A←A + Rn	√	√	√	√	累加器 A 的内容与工作寄存器 Rn 中的内容相加，结果存于 A 中
ADD A,@Ri	A←A + (Ri)	√	√	√	√	累加器 A 的内容与工作寄存器 Ri 所指向的地址单元中的内容相加，结果存于 A 中

（2）带进位加法指令

指　令	功　能	标　志　位				说　明
		P	OV	AC	CY	
ADDC A,#data	A←A+#data+CY	√	√	√	√	累加器 A 的内容与立即数#data 连同进位位相加，结果存于 A 中
ADDC A,direct	A←A+(direct)+CY	√	√	√	√	累加器 A 的内容与直接地址单元的内容连同进位位相加，结果存于 A 中
ADDC A, Rn	A←A+Rn+CY	√	√	√	√	累加器 A 的内容与工作寄存器 Rn 中的内容连同进位位相加，结果存于 A 中
ADDC A,@Ri	A←A+(Ri)+CY	√	√	√	√	累加器 A 的内容与工作寄存器 Ri 所指向的地址单元中的内容连同进位位相加，结果存于 A 中

（3）带进位减法指令

指　令	功　能	标　志　位				说　明
		P	OV	AC	CY	
SUBB A,#data	A←A−#data−CY	√	√	√	√	累加器 A 的内容减去立即数#data 再减借位位，结果存于 A 中
SUBB A,direct	A←A−(direct)−CY	√	√	√	√	累加器 A 的内容减去直接地址单元的内容再减去借位位，结果存于 A 中
SUBB A, Rn	A←A−Rn−CY	√	√	√	√	累加器 A 的内容减去工作寄存器 Rn 中的内容再减去借位位，结果存于 A 中
SUBB A,@Ri	A←A−(Ri)−CY	√	√	√	√	累加器 A 的内容减去工作寄存器 Ri 所指向的地址单元中的内容再减去借位位，结果存于 A 中

（4）乘法指令

指　令	功　能	标　志　位				说　明
		P	OV	AC	CY	
MUL AB	BA←A×B	√	√	×	0	累加器 A 中的内容与寄存器 B 中的内容相乘，乘积的低 8 位存于 A，高 8 位存于 B

（5）除法指令

指　令	功　能	标　志　位				说　明
		P	OV	AC	CY	
DIV AB	A←A÷B 的商 B←A÷B 的余数	√	√	×	0	累加器 A 中的内容除以寄存器 B 中的内容，所得的商存于 A，余数存于 B

（6）增 1 指令

指　令	功　能	标　志　位				说　明
		P	OV	AC	CY	
INC A	A←A+1	√	×	×	×	累加器 A 的内容加 1，结果存于 A 中
INC direct	direct←(direct)+1	×	×	×	×	直接地址单元的内容加 1，结果送回原来地址单元
INC @Ri	(Ri)←(Ri)+1	×	×	×	×	寄存器 Ri 的内容所指向的地址单元的内容加 1，结果送回原来地址单元
INC Rn	Rn←Rn+1	×	×	×	×	寄存器 Rn 内容加 1，结果送回原地址单元
INC DPTR	DPTR←DPTR+1	×	×	×	×	数据指针 DPTR 的内容加 1，结果送回数据指针中

（7）减 1 指令

指　令	功　能	标　志　位				说　明
		P	OV	AC	CY	
DEC A	A←A−1	√	×	×	×	累加器 A 的内容减 1，结果存于 A 中
DEC direct	direct←(direct)−1	×	×	×	×	直接地址单元的内容减 1，结果送回原来地址单元
DEC @Ri	(Ri)←(Ri)−1	×	×	×	×	寄存器的内容所指向的地址单元的内容减 1，结果送回原来地址单元
DEC Rn	Rn←Rn−1	×	×	×	×	寄存器 Rn 内容减 1，结果送回原地址单元

（8）十进制调整指令

指令	标　志　位				说　明
	P	OV	AC	CY	
DA A	√	√	√	√	对累加器 A 中的 BCD 码运算结果进行调整

3）逻辑运算指令

逻辑运算指令共有 6 小类，24 条，主要完成与、或、异或、移位、清零、取反等逻辑操作。

注意：① 逻辑运算只能在累加器 A 或直接地址单元中进行；

　　　② 与、或、异或指令的源操作数可以为立即数、直接地址单元内容、工作寄存器及间接地址单元内容，与图 3.1 中所示 MOV 指令相类似；

　　　③ 与、或、异或指令中，如果直接地址是 I/O 口地址，则为"读—修改—写"的操作。

（1）逻辑"与"操作指令

指　令	功　能	标　志　位				说　明
		P	OV	AC	CY	
ANL A, direct	A←A∧(direct)	√	×	×	×	累加器 A 中的内容与直接地址单元的内容执行"与"操作，结果存于累加器 A 中
ANL A, #data	A←A∧#data	√	×	×	×	累加器 A 中的内容和立即数执行"与"操作，结果存于累加器 A 中
ANL A, Rn	A←A∧Rn	√	×	×	×	累加器 A 中的内容和寄存器 Rn 中的内容执行"与"操作，结果存于累加器 A 中
ANL A, @Ri	A←A∧(Ri)	√	×	×	×	累加器 A 中的内容和寄存器 Ri 所指向的地址单元的内容执行"与"操作，结果存于累加器 A 中
ANL direct, A	direct←(direct)∧A	×	×	×	×	直接地址单元的内容与累加器 A 的内容执行"与"操作，结果存于直接地址单元中
ANL direct, #data	direct←(direct)∧#data	×	×	×	×	直接地址单元的内容与立即数执行"与"操作，结果存于直接地址单元中

（2）逻辑"或"操作指令

指　令	功　能	标　志　位				说　明
		P	OV	AC	CY	
ORL A, direct	A←A∨(direct)	√	×	×	×	累加器 A 中的内容与直接地址单元的内容执行"或"操作，结果存于累加器 A 中
ORL A, #data	A←A∨#data	√	×	×	×	累加器 A 中的内容和立即数执行"或"操作，结果存于累加器 A 中
ORL A, Rn	A←A∨Rn	√	×	×	×	累加器 A 中的内容和寄存器 Rn 中的内容执行"或"操作，结果存于累加器 A 中
ORL A, @Ri	A←A∨(Ri)	√	×	×	×	累加器 A 中的内容和寄存器 Ri 所指向的地址单元的内容执行"或"操作，结果存于累加器 A 中
ORL direct, A	direct←(direct)∨A	×	×	×	×	直接地址单元的内容与累加器 A 的内容执行"或"操作，结果存于直接地址单元中
ORL direct, #data	direct←(direct)∨#data	×	×	×	×	直接地址单元的内容与立即数执行"或"操作，结果存于直接地址单元中

（3）逻辑"异或"操作指令

指　令	功　能	标　志　位				说　明
		P	OV	AC	CY	
XRL A, direct	A←A⊕(direct)	√	×	×	×	累加器 A 中的内容与直接地址单元的内容执行"异或"操作，结果存于累加器 A 中
XRL A, #data	A←A⊕#data	√	×	×	×	累加器 A 中的内容和立即数执行"异或"操作，结果存于累加器 A 中
XRL A, Rn	A←A⊕Rn	√	×	×	×	累加器 A 中的内容和寄存器 Rn 中的内容执行"异或"操作，结果存于累加器 A 中
XRL A, @Ri	A←A⊕(Ri)	√	×	×	×	累加器 A 中的内容和寄存器 Ri 所指向的地址单元的内容执行"异或"操作，结果存于累加器 A 中
XRL direct, A	direct←(direct)⊕A	×	×	×	×	直接地址单元的内容与累加器 A 的内容执行"异或"操作，结果存于直接地址单元中
XRL direct, #data	direct←(direct)⊕#data	×	×	×	×	直接地址单元的内容与立即数执行"异或"操作，结果存于直接地址单元中

（4）循环移位指令

指　令	功　能	标　志　位				说　明
		P	OV	AC	CY	
RL　A	Acc ≪ 1	√	×	×	×	累加器 A 的内容左移一位
RR　A	Acc ≫ 1	√	×	×	×	累加器 A 的内容右移一位
RLC　A	Acc ← CY ≪ 1	√	×	×	√	累加器 A 的内容连同进位位左移一位
RRC　A	CY → Acc ≫ 1	√	×	×	√	累加器 A 的内容连同进位位右移一位

（5）清零指令

指　令	功　能	标　志　位				说　明
		P	OV	AC	CY	
CLR A	A←0	√	×	×	×	累加器 A 中的内容清零

（6）取反指令

指　令	功　能	标　志　位				说　明
		P	OV	AC	CY	
CPL A	A← $\overline{A}$	×	×	×	×	累加器 A 中的内容按位取反

4）位操作指令

位操作指令共有三小类，12 条。主要实现对 C 及位变量（bit）的传送、置位、复位及位逻辑运算。

（1）位传送指令

指　令	功　能	标 志 位				解　释
		P	OV	AC	CY	
MOV C, bit	CY←bit	×	×	×	√	位操作数送 CY
MOV bit,C	bit←CY	×	×	×	×	CY 送某位

（2）置位、复位指令

指　令	功　能	标 志 位				解　释
		P	OV	AC	CY	
CLR C	CY←0	×	×	×	√	清 CY
CLR bit	bit←0	×	×	×	×	清位
SETB C	CY←1	×	×	×	√	置位 CY
SETB bit	bit←1	×	×	×	×	置位

（3）位运算指令

指令	功能	标 志 位				解　释
		P	OV	AC	CY	
ANL C,bit	CY←CY∧bit	×	×	×	√	CY 和指定位相"与"，结果存入 CY
ANL C,/bit	CY←CY∧ $\overline{bit}$	×	×	×	√	指定位求反后和 CY 相"与"，结果存入 CY
ORL C,bit	CY←CY∨bit	×	×	×	√	CY 和指定位相"或"，结果存入 CY
ORL C,/bit	CY←CY∨ $\overline{bit}$	×	×	×	√	指定位求反后和 CY 相"或"，结果存入 CY
CPL C	CY← $\overline{CY}$	×	×	×	√	CY 求反后结果送 CY
CPL bit	bit← $\overline{bit}$	×	×	×	×	指定位求反后结果送指定位

5）控制转移指令

控制转移指令共有 6 小类，21 条。主要实现程序的无条件转移、条件转移和过程调用等操作。

注意：① 除比较不相等转移指令外，其余指令不影响标志位；

　　　② 短转移（包括条件转移）的范围为–128～+127；

　　　③ 绝对转移、调用的范围为 2KB。

（1）无条件转移指令

指　令	功　能	标 志 位				说　明
		P	OV	AC	CY	
LJMP addr16 长转移	PC←PC+3 PC←addr16	×	×	×	×	给程序计数器赋予新值（16 位地址）
AJMP addr11 绝对转移	PC←PC+2 PC10~0←addr16	×	×	×	×	给程序计数器赋予新值（11 位地址），（PC15~11）不改变
SJMP rel 短转移	PC←PC+rel+2	×	×	×	×	程序计数器先加 2 再加上偏移量，赋予程序计数器
JMP @A+DPTR 间接转移	PC←PC+DPTR	×	×	×	×	累加器的值加上数据指针的值，赋予程序计数器

（2）条件转移指令

指　　令	功　　能	标 志 位				说　　明
		P	OV	AC	CY	
JZ rel	若 A=0， 则 PC←PC+2+rel	×	×	×	×	若累加器 A 中的内容为 0，则转移至偏移量所指的地址，否则程序顺序执行
JNZ rel	若 A≠0， 则 PC←PC+2+rel	×	×	×	×	若累加器 A 中的内容不为 0，则转移至偏移量所指的地址，否则程序顺序执行
JC　rel	若 Cy = 1， 则 PC←PC+2+rel	×	×	×	×	若 CY=1，则转移至偏移量所指的地址，否则程序顺序执行
JNC　rel	若 Cy = 0， 则 PC←PC+2+rel	×	×	×	×	若 CY=0，则转移至偏移量所指的地址，否则程序顺序执行
JB　bit,rel	若(bit)=1， 则 PC←PC+3+rel	×	×	×	×	若(bit)=1，则转移至偏移量所指的地址，否则程序顺序执行
JNB　bit,rel	若(bit)=0， 则 PC←PC+3+rel	×	×	×	×	若(bit)=0，则转移至偏移量所指的地址，否则程序顺序执行
JBC　bit,rel	若(bit)=1， 则 PC←PC+3+rel 且（bit）←0	×	×	×	×	若(bit)=1，则转移至偏移量所指的地址，且将 bit 清 0；否则程序顺序执行

（3）比较不相等转移指令

指　　令	功　　能	标 志 位				说　　明
		P	OV	AC	CY	
CJNE A, direct, rel	若 A≠(direct)，则 PC←PC+3+rel	×	×	×	√	若累加器 A 的内容不等于直接地址单元内容，则转移到偏移量所指的地址，否则程序顺序执行
CJNE A,#data,rel	若 A≠#data， 则 PC←PC+3+rel	×	×	×	√	若累加器 A 的内容不等于立即数，则转移到偏移量所指的地址，否则程序顺序执行
CJNE Rn,#data,rel	若 Rn≠data， 则 PC←PC+3+rel	×	×	×	√	若工作寄存器 Rn 的内容不等于立即数，则转移到偏移量所指的地址，否则程序顺序执行
CJNE @Ri,#data,rel	若(Ri)≠data，则 PC←PC+3+rel	×	×	×	√	若工作寄存器 Ri 指向地址单元的内容不等于立即数，则转移到偏移量所指的地址，否则程序顺序执行

（4）减 1 不为 0 转移指令

指　　令	功　　能	标 志 位				说　　明
		P	OV	AC	CY	
DJNZ Rn,rel	Rn←Rn−1 若 Rn≠0； 则 PC←PC+2+rel	×	×	×	×	若工作寄存器 Rn 中的内容减 1 后不等于 0，则转移到偏移量所指向的地址，否则程序顺序执行
DJNZ direct,rel	direct←(direct)−1 若(direct)≠0； 则 PC←PC+3+rel	×	×	×	×	若直接地址单元中的内容减 1 后不等于 0，则转移到偏移量所指向的地址，否则程序顺序执行

（5）子程序调用指令

指　　令	功　　能	标 志 位				说　　明
		P	OV	AC	CY	
LCALL addr16	PC←PC+3 SP←SP+1,(SP)←PCL SP←SP+1,(SP)←PCH PC15~PC0←addr16	×	×	×	×	长调用指令，可在 64KB 空间调用子程序，先保护 PC 当前值，然后转移到目标地址

续表

指　令	功　能	标 志 位				说　明
		P	OV	AC	CY	
ACALL addr11	PC←PC+2 SP←SP+1,(SP)←PCL SP←SP+1,(SP)←PCH PC10～PC0←addr11	×	×	×	×	绝对转移指令，可在 2KB 空间调用子程序
RET	PCH←(SP),SP←SP-1 PCL←(SP),SP←SP-1	×	×	×	×	子程序返回指令，从栈顶取得返回地址
RETI	PCH←(SP),SP←SP-1 PCL←(SP),SP←SP-1	×	×	×	×	中断返回指令，除具有 RET 功能外，还具有恢复中断逻辑的功能，RETI 与 RET 不能相互替代

（6）空操作指令

指令格式：NOP

这条指令除了使 PC 加 1，并消耗一个机器周期外，不执行任何操作。常用于短时间延时或时序匹配。

3.1.2　A51 汇编语言中的伪操作指令

1. 符号定义

1）SEGMENT

SEGMENT 指令用来声明一个再定位段和一个可选的再定位类型。

指令格式：再定位段段名　SEGMENT 段类型（再定位类型）

段类型用于指定所声明的段将处的存储器地址空间，可用的段类型有 CODE、XDATA、DATA、IDATA 和 BIT。

例如：

```
    STACK  SEGMENT  IDATA    ; 将 STACK 声明为可再定位的 IDATA 类型
      ...
    RSEG    STACK            ; 对 STACK 再定位
       DS   20H
         ...
     MOV    SP,#STACK-1
         ...
```

2）EQU

EQU 指令用于将一个数值或寄存器名赋给一个指定符号名。

指令格式：　符号名 EQU 表达式（寄存器名）

经过 EQU 指令赋值的符号可在程序的其他地方使用，以代替其赋值。例如：COUNT EQU 20，则在程序的其他地方出现 COUNT，汇编时就用 20 代替 COUNT。

3）SET

SET 指令类似于 EQU 指令，也是将一个数值或寄存器名赋给一个指定符号名，不同的是 SET 指令定义过的符号可重定义。

指令格式：符号名 SET 表达式（寄存器名）

例如：

```
    COUNT SET 300
       ...
    COUNT SET 400
```

4）BIT

BIT 指令用于将一个位地址赋给指定的符号名，经 BIT 指令定义过的位符号名不能更改。

指令格式：符号名 BIT 位地址

例如：

```
ALATIN  BIT CONTROL.1
ASB     BIT 56H
TI      BIT 99H
```

5）DATA

DATA 指令用于将一个内部 RAM 的地址赋给指定的符号名。

指令格式：符号名 DATA　表达式

表达式的值应在 00H～FFH 之间，且必须是一个简单再定位表达式。

例如：

```
P0      DATA 80H
CKCON   DATA 8EH
```

6）XDATA

XDATA 指令用于将一个外部 RAM 的地址赋给指定的符号名。

指令格式：符号名　XDATA 表达式

例如：

```
AD_PORT XDATA 0FF00H
```

7）IDATA

IDATA 指令用于将一个间接寻址的内部 RAM 地址赋给指定的符号名。

指令格式：符号名　IDATA　表达式

例如：

```
RESULT  IDATA 0E0H
```

8）CODE

CODE 指令用于将程序存储器 ROM 地址赋给指定的符号名。

指令格式：符号名　CODE　表达式

例如：

```
START CODE  00H
```

2. 存储器的初始化及保留

1）DS 保留字节存储器空间

DS 指令是以字节为单位在内部和外部存储器保留存储器空间的。标号值将是保留区的第一字节的地址。

指令格式：[标号：]　DS　数值表达式

例如：

```
RESULT: DS    4        ;为 RESULT 保留 4 字节
```

2）DBIT 保留位存储器空间

DBIT 指令是在内部数据区的 BIT 段以位为单位保留存储空间。

指令格式：[标号：]　　DBIT　数值表达式

例如：

```
flg_wm: DBIT    1
```

3）DB 定义字节

DB 指令是以给定表达式的值的字节形式初始化代码空间。

指令格式：[标号：]　　DB　数值表达式

例如：

```
TABLE: DB 12H,13H,'A'
```

4）DW 定义字

DW 指令是以给定表达式的值的双字节（字）形式初始化代码空间。

指令格式：[标号：]　　DW　　数值表达式

例如：

```
MULTI: DW 1000H,2000H,3000H
```

3．程序的链接

1）PUBLIC

PUBLIC 用于声明可被其他模块使用的公共函数名或变量名。

指令格式：PUBLIC　符号 [，符号，符号[，…]]

PUBLIC 后可跟多个符号名，用逗号隔开。每个函数名或变量名都必须是在模块内定义过的。

例如：

```
PUBLIC  Put_String,Put_Data_Str
PUBLIC  Ascbin
```

2）EXTRN

EXTRN 是与 PUBLIC 配套使用的，要调用其他模块定义的函数，就必须先在本模块前用 EXTRN 声明。

指令格式：EXTRN　段类型（符号，符号…）

例如：

```
EXTRN CODE(put_string),
DATA(count,total)
```

3）NAME

NAME 用来给当前模块命名。

指令格式：NAME　模块名

例如：

```
NAME TIMER
```

定义了一个模块名为 TIMER 的模块。

4．程序状态控制

1）ORG

ORG 用来指出其后的程序段或数据块存储的起始地址。

指令格式：ORG 数值表达式

例如：

```
ORG 2000H
```

2）END

汇编语言程序结束标志，放在汇编语言程序的最尾部，用以指示程序到此全部结束。

3）绝对段选择指令

绝对段选择指令有 CSEG、DSEG、XSEG、ISEG 和 BSEG，分别选择绝对代码段、内部绝对数据段、外部绝对数据段、内部间接寻址绝对数据段和位寻址绝对数据段。

指令格式如下：

```
CSEG  [AT 绝对地址]
DSEG  [AT 绝对地址]
XSEG  [AT 绝对地址]
ISEG  [AT 绝对地址]
BSEG  [AT 绝对地址]
```

4）再定位段选择指令

再定位段选择指令为 RSEG，用于选择一个已在前面用 SEGMENT 定义过的再定义段作为当前段。

指令格式：RSEG 段名

段名必须是在前面声明过的再定位段。

例如：

```
DATAS SEGMENT DATA          ;声明一个再定位 DATA 段
CODES SEGMENT CODE          ;声明一个再定位 CODE 段
    …
RSEG DATAS                  ;选择前面声明的再定位 DATA 段作为当前段
    …(数据变量定义)
RSEG CODES                  ;选择前面声明的再定位 CODE 段作为当前段
    …(程序代码)
```

5）USING

USING 用于指定随后的程序模块所使用的寄存器区，一般用于中断服务程序中选择所用的寄存器区。

指令格式：USING n   ；n 取 0～3

例如：

```
USING 0
```

5．条件伪操作

条件伪操作格式：

```
IF   表达式
   [ 程序段 1 ]
[ ELSE ]
   [ 程序段 2 ]
ENDIF
```

当 IF 指令中的表达式为真时，被汇编的代码段是程序段 1；当 IF 指令中的表达式为假时，被汇编的代码段是程序段 2。在一个条件结构中，仅有一个代码段被汇编，另一程序段则被忽略。

6. 其他

1）INCLUDE

INCLUDE 用于将一个源文件插入到当前源文件中一起汇编，最终成为一个完整的源程序，一般常用于插入特殊功能寄存器说明文件 REG**.INC。注意：被插入的源程序中不能包含 END 伪指令，否则汇编会停止运行。

格式：$INCLUDE　（[驱动器名:]　[路径名]　文件名)

例如：

```
$INCLUDE (REG320.INC)
```

2）NOMOD51

NOMOD51 用于取消默认的 51 特殊功能寄存器定义，在使用 INCLUDE 插入新特殊功能寄存器说明文件 REG**.INC 前，应采用 NOMOD51 来取消默认的特殊功能寄存器定义。

格式：$ NOMOD51

3.1.3　MCS-51 汇编语言程序的基本结构

MCS-51 汇编语言程序一般采用顺序、分支、循环、子程序和中断服务程序 5 种基本结构。

1. 顺序结构

顺序结构程序中的语句由前向后顺序执行，直到最后结束，中间无分支、循环和子程序调用。是最简单的一种程序结构。

例：把 R4、R5 中的内容取补后回送到 R4、R5 中。

```
CMPT1: MOV   A,R5
       CPL   A
       ADD   A,#01H
       MOV   R5,A
       MOV   A,R4
       CPL   A
       ADDC  A,#00H
       MOV   R4,A
       RET
CMPT2: CLR   A
       CLR   C
       SUBB  A,R5
       MOV   R5,A
       MOV   A,#00H
       SUBB  A,R4
       MOV   R4,A
       RET
```

2. 分支结构

分支结构程序是根据执行过程中对某个"条件"进行的判断，来决定程序是顺序执行，还是进行转移的一种结构。在 MCS-51 中具体的"条件"可以是：

```
    A. JZ,JNZ
    B. JC,JNC
    C. JB,JNB,JBC
    D. CJNE
    E. DJNZ
```

根据分支结构的不同，又可以分成单分支结构和多分支结构。

例：一位十六进制数存于 20H 单元中，要求转换为 ASCII 后，存于 20H 中。程序流程如图 3.2 所示。

```
HTA: MOV  A,20H
     ANL  A,#0FH
     ADD  A,#30H
     CJNE A,#3AH,LP0
LP0: JC   LP1
     ADD  A,#07H
LP1: MOV  20H,A
     RET
```

3. 循环结构

循环结构程序是根据执行过程中对某个"条件"进行判断，来决定程序是否反复执行一程序段的一种结构。这一"条件"也称为循环控制，反复执行的程序段称为循环体。

根据循环嵌套次数的不同，循环结构可分成单循环结构和多循环结构。

根据循环控制的不同，又可以分成循环次数已知的循环结构和循环次数未知的循环结构。

例：试编一延时 100ms 延时程序（设晶振频率为 6.0MHz，一个机器周期为 2μs）。程序流程如图 3.3 所示。

```
DEL:   MOV  R7,#0C8H
DEL1:  MOV  R6,#7DH
DEL2:  DJNZ R6,DEL2
       DJNZ R7,DEL1
       RET
```

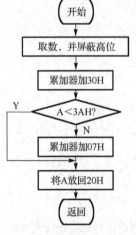

图 3.2　分支结构程序流程框图

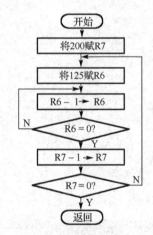

图 3.3　循环结构程序流程框图

4．子程序结构

在实际的程序设计中，常常将那些需多次应用、完成相同的某种基本运算或操作的程序段从整个程序中独立出来，单独编成一个带 RET 的程序段，需要使用时通过 CALL 指令进行调用。这样的程序段就称为子程序。

采用子程序结构能使整个程序结构简化，缩短程序设计的时间，减少程序存储空间的占用，提高通用程序模块的复用水平。

子程序由主程序或其他模块调用。

中断服务程序是特殊的子程序结构，它不由其他程序调用，而是由中断事件启动，用 RETI 返回。

5．程序设计的过程

1）分析设计任务，确定算法

弄清要解决什么问题，已知的数据、条件和数据格式是什么，最后要得到或输出什么，然后再确定通过什么方法（或算法）来实现。

2）根据算法，绘制出程序框图

通过绘制程序流程图把前面确定的算法和具体实现的步骤细化，从而把程序中具有一定功能的各部分有机地联系起来，为编写程序代码明确要求。

3）合理安排需要的寄存器、存储空间、变量或端口

4）编写程序代码

根据程序流程图所细化的算法和步骤，合理选择适当的指令（语句）组合，构成一个相对完整功能的程序模块。

3.2　程序设计与调试示例

3.2.1　拆字程序实验示例

1．实验目的

（1）掌握 Keil μVision5 仿真开发软件的使用；

（2）熟悉汇编语言设计与调试的基本方法。

2．实验内容

把 8000H 地址上的字节内容拆开，高 4 位送 8001H 地址的低位，低 4 位送 8002H 地址的低位，8001H、8002H 地址的高位清零，本程序通常在把数据送显示缓冲区时使用。

3．参考流程框图

拆字程序实验的参考流程框图如图 3.4 所示。

4．实验参考程序

```
        ORG 0000H
    MOV     DPTR,#8000H     ;指定字节地址
    MOVX    A,@DPTR
```

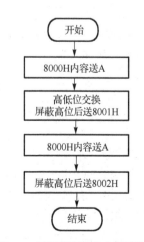

图 3.4　拆字程序的参考流程框图

```
         MOV     B,A             ;暂存
         SWAP    A               ;交换
         ANL     A,#0FH          ;屏蔽高位
         INC     DPTR
         MOVX    @DPTR,A
         INC     DPTR
         MOV     A,B
         ANL     A,#0FH          ;屏蔽高位
         MOVX    @DPTR,A
LOOP:    SJMP    LOOP
         END
```

5. 实验步骤

（1）在计算机 Windows 环境下用鼠标选择桌面上 Keil μVision5 仿真开发软件图标，双击该图标便可进入 Keil μVision 的软件界面，创建工程名、选择单片机型号（如 89C52）。

（2）输入设计的模块文件：单击选择【File】→【New】选项，在弹出的程序文本框中输入以下程序代码：

```
                 ORG 0000H
         MOV     DPTR,#8000H
         MOVX    A,@DPTR
         MOV     B,A
         SWAP    A
         ANL     A,#0FH
         INC     DPTR
         MOVX    @DPTR,A
         INC     DPTR
         MOV     A,B
         ANL     A,#0FH
         MOVX    @DPTR,A
LOOP:    SJMP    LOOP
         END
```

或打开编辑好的程序，然后选择【File】→【Save】选项，在弹出的"Save as"对话框中输入文件名（后缀为.asm），保存文件。

（3）将模块文件选入工程：单击文本编辑框左侧"Target1"前面的"+"号，用鼠标右击"Source Group1"，在弹出的快捷菜单中选择"Add Existing Files to Group'Source Group1'"选项，然后在弹出的"Add Files to Group'Source Group1'"对话框中选择需加入的文件，单击"Add"按钮，加完后单击"Close"按钮，关闭对话框。

（4）设置环境

在弹出的"Options for Target 'Target1'"对话框中设置编译环境，单击对话框中"Debug"标签页，在此标签页中选择软件仿真"Use Simulator"。

（5）编译程序

选择【Project】→【Rebuild all target files】选项，如果编译成功，状态框将显示"0 Error(s)，0 Warning(s)"；否则修改源程序，重新编译，直到成功。

（6）调试程序

① 选择【Debug】→【Start/Stop Debug Session】选项，进入调试界面，在调试界面中可以对程序进行单步或全速运行的调试。

② 给某存储单元赋值或查看内存中的数据：选择【View】→【Memory Windows】选项，在弹出的"Address"对话框中输入："X:8000H"，回车，鼠标指向数据区右击，在弹出对话框中选择"Modify Memory at X:0x008000"选项，在弹出的"Enter Byte(s) at X:0X008000"对话框中写入数据（0～255 的十进制数），然后单击"OK"按钮。

③ 运行程序：用鼠标选择【Debug】→【Run】选项，观察 8000H～8002H 中的变化。

3.2.2　清零程序实验示例

1. 实验目的

（1）掌握外部数据存储器的读/写方法；
（2）熟悉循环结构程序的编写与调试。

2. 实验内容

将 8000H～80FFH 的内容清零。

3. 参考流程框图

存储区清零实验程序参考流程框图如图 3.5 所示。

4. 实验参考程序

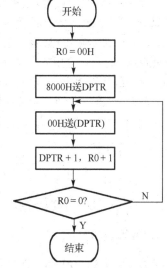

图 3.5　存储区清零实验程序参考流程框图

```
            ORG  0000H
      MOV   R0,#00H
      MOV   DPTR,#8000H      ;空间首地址送 DPTR
LOOP: MOV   A,#00H
      MOVX  @DPTR,A          ;清零
      INC   DPTR            ;DPTR 加 1
      INC   R0              ;字节数加 1
      CJNE  R0,#00H,LOOP    ;连续清 256 字节
LOOP1: SJMP  LOOP1
      END
```

5. 实验步骤

（1）在计算机 Windows 环境下用鼠标选择桌面上 Keil μVision5 仿真开发系统图标，双击该图标便可进入 Keil μVision 的工作界面，创建工程名、选择单片机型号（如 89C52）。

（2）输入设计的模块文件：新建文件并输入程序或打开编辑好的程序。

（3）将模块文件选入工程：用鼠标单击文本编辑框左侧"Target1"前面的"+"号，用鼠标右击"Source Group1"，在弹出的快捷菜单中选择"Add Existing Files to Group'Source Group1'"选项，然后在弹出的"Add Files to Group'Source Group1'"对话框中选择需加入的文件，单击"Add"按钮，加完后单击"Close"按钮，关闭对话框。

（4）设置环境

在弹出的"Options for Target'Target1"对话框中设置编译环境，单击对话框中的"Debug"标签页，在此标签页中选择软件仿真"Use Simulator"。

（5）编译程序

选择【Project】→【Rebuild all target files】选项，如果编译成功，状态框将显示"0 Error(s)，0 Warning(s)"；否则修改源程序，重新编译，直到成功。

（6）调试程序

① 选择【Debug】→【Start/Stop Debug Session】选项，进入调试界面，在调试界面中可以对程序进行单步或全速运行的调试。

② 给某存储单元赋值或查看内存中的数据：选择【View】→【Memory Windows】选项，在弹出的"Address"对话框中输入："X:8000H"，回车，鼠标指向数据区右击，在弹出对话框中选择"Modify Memory at X:0x008000"选项，在弹出的"Enter Byte(s) at X:0X008000"对话框中写入数据（0～255的十进制数）选项，然后单击"OK"按钮，给8001H～80FFH单元赋值，步骤与前相同。

③ 运行程序：用鼠标选择【Debug】→【Run】选项，通过选择【View】→【Memory Windows】选项，观察8000H～80FFH单元中数据的变化。

④ 可用单步方式运行程序，观察8000H～80FFH及有关寄存器中的内容变化情况。

6. 思考问题

将8000H～80FFH中内容改成FFH，应如何修改程序？

3.2.3　LED跑马灯实验示例

1. 实验目的

（1）了解单片机P1端口作输出控制使用的原理及编程方法；
（2）掌握硬件实验的线路设计、程序设计及调试的基本方法。

2. 实验内容

单片机的P1端口作输出，驱动8只发光二极管L1～L8，编写并调试一程序，实现以0.5s的时间间隔使两个发光二极管先从两边向中间，再从中间到两边循环点亮。

L1、L8亮→L2、L7亮→L3、L6亮→L4、L5亮→L3、L6亮→L2、L7亮

3. 实验电路及连线

LED跑马灯实验电路及连线如图3.6所示，将P1口输出与LED指示灯的驱动输入插孔L1～L8相连。

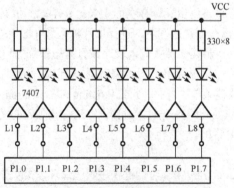

图3.6　LED跑马灯实验电路及连线图

4．参考流程框图

LED 跑马灯实验程序参考流程框图如图 3.7 所示。程序中定义了 30H、31H 两个单元分别用于 20ms 计数和 0.5s 计数。

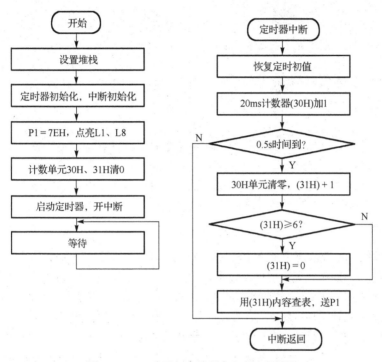

图 3.7　LED 跑马灯实验程序参考流程框图

5．实验参考程序

```
                ORG  0000H          ;跳转到主程序入口
        LJMP    MAIN
        ORG     001BH              ;跳转到中断服务程序入口
        LJMP    INT_T0
MAIN:   MOV SP,#67H                ;设置堆栈
        MOV TMOD,#10H              ;初始化T1,方式1
        MOV TH1,#0B8H              ;设置定时常数,20ms@11.0592MHz
        MOV TL1,#00H
        MOV IE,#88H                ;开中断
        MOV 30H,#00H               ;计数器清0
        MOV 31H,#00H
        SETB TR1                   ;启动T1
        MOV P1,#07EH               ;向P1口输出初值
L1:     MOV R7,#80H                ;延时等待
L2:     DJNZ R7,L2
        SJMP L1
                                   ;T1中断服务程序
INT-T0: MOV  TH1,#0B8H             ;重复T1定时初值
        MOV  TL1,#0OH
```

```
        INC  30H                    ;(20ms)单元加1
        MOV  A,30H
        CJNE A,#25,L3               ;判断是否到达0.5s
L3:     JC   L5                     ;未到0.5s,跳至中断返回
        MOV  30H,#00H               ;到0.5s,则将(20ms)单元清0
        INC  31H                    ;0.5s单元加1
        MOV  A,31H
        CJNE A,#07H,L4              ;判断是否超过7个0.5s
        MOV  31H,#00H               ;将0.5s单元清0
L4:     MOV  A,31H                  ;取出(0.5s)单元内容
        ADD  A,#03H
        MOVC A,@A+PC                ;查表
        MOV  P1,A                   ;将查表得到的数值送P1口
L5:     RETI                        ;中断返回
TAB:    DB   7EH,0BDH,0DBH,0E7H,0DBH,0BDH,7EH
        END
```

6. 实验步骤

（1）用导线将P1.0～P1.7插孔连至LED指示灯的驱动输入插孔L1～L8；

（2）在计算机Windows环境下用鼠标选择桌面上Keil μVision5仿真开发软件图标，用鼠标左键双击该图标便可进入Keil μVision的软件界面，创建工程名、选择单片机型号（如89C52）。

（3）输入设计的模块文件：新建文件并输入程序或打开编辑好的程序。

（4）将模块文件选入工程：用鼠标单击文本编辑框左侧"Target1"前面的"+"号，用鼠标右击"Source Group1"，在弹出的快捷菜单中选择"Add Existing Files to Group'Source Group1'"选项，然后在弹出的"Add Files to Group'Source Group1'"对话框中选择需加入的文件，单击"Add"按钮，加完后单击"Close"按钮，关闭对话框。

（5）设置环境

在弹出的"Options for Target'Target1'"对话框中设置编译环境，单击"Debug"标签页，在此标签页中选择硬件仿真"Use Keil Monitor-51 Driver"，同时单击右侧的"Settings"按钮，进入串口通信参数的设置，选择通信线所连的COM口，将波特率设为57600，确定后返回。

（6）编译程序

选择【Project】→【Rebuild all target files】选项，如果编译成功，状态框将显示"0 Error(s)，0 Warning(s)"；否则修改源程序，重新编译，直到成功。

（7）调试程序

① 选择【Debug】→【Start/Stop Debug Session】选项或对应快捷按钮，进入调试界面，在调试界面中可以对程序进行单步或全速运行的调试。

② 运行程序：选择【Debug】→【Run】选项或对应快捷按钮，观察L1～L8指示灯的变化情况。若结果不正确，手动复位实验仪的CPU，选择【Debug】→【Start/Stop Debug Session】选项或对应快捷按钮，退出调试状态，修改程序后，重新调试。

3.2.4　数码显示器流水显示实验示例

1. 实验目的

（1）了解实验仪上系统扩展的8255键盘、显示接口的组成原理及编程方法；

（2）进一步熟悉硬件实验的线路设计与程序设计及调试的基本方法。

2. 实验内容

利用实验仪上系统扩展的 8255 键盘、显示接口线路，编写并调试一程序，实现以 0.5s 的时间间隔在 6 个 LED 数码显示器上流水显示 0～F 这 16 个数码。详细的硬件电路原理参见第 2 章的图 2.6、图 2.7 及相应的说明。

3. 参考流程框图

数码显示器流水显示实验程序参考流程框图如图 3.8 所示。主程序负责初始化和显示，中断服务程序负责定时调整显示缓冲区的内容。8255 显示子程序的参考流程如第 4 章的图 4.33(a)所示。

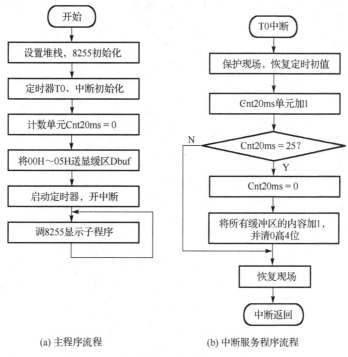

(a) 主程序流程　　　　　　　　　(b) 中断服务程序流程

图 3.8　数码显示器流水显示实验程序参考流程框图

4. 实验参考程序

数码显示器流水显示实验程序代码如下：

```
VAR      SEGMENT  DATA           ;在内部 RAM 区定义一个变量段 VAR
PROG     SEGMENT  CODE           ;在 ROM 区定义一个程序段 PROG
STACK    SEGMENT  IDATA          ;在内部 RAM 的 IDATA 区定义一个堆栈段


         RSEG     VAR            ;再定位变量段
Cnt20ms:DS 1                     ;定义一个用于 20ms 计数的字节变量
D_buf:   DS 6                    ;定义一个 6 字节的显示缓冲区


         RSEG     STACK          ;再定位堆栈段
         DS 20                   ;保留 20 字节用于堆栈
```

```
                CSEG   AT 0             ;定位代码段从 0000H 开始
                USING 0                 ;声明主程序使用寄存器区 0
                LJMP  MAIN              ;跳转到主程序入口

                ORG   000BH            ;定时器 T0 中断入口
                USING 1                 ;声明 T0 中断服务程序使用寄存器区 1
                LJMP  INTT0             ;跳转到 T0 中断服务程序入口

                ORG    0040H
                RSEG    PROG            ;再定位程序段
MAIN:           MOV SP,#STACK-1         ;设置堆栈
                MOV TMOD,#01H           ;初始化 T0,方式 1
                MOV TH0,#0B8H           ;设置定时常数,20ms@11.0592MHz
                MOV TL0,#00H
                MOV A,#80H              ;8255 初始化,工作在方式 0,输出
                MOV DPTR,#0FF23H
                MOVX @DPTR,A
                MOV R7,#06H            ;将显示缓冲区初始化
                MOV R0,#D_buf
                MOV A,#00H
L1:             MOV @R0,A
                INC R0
                INC A
                DJNZ R7,L1
                MOV Cnt20ms,#00H        ;20ms 计数器清 0
                MOV IE,#82H            ;开 T0 中断
                SETB TR0               ;启动 T0 开始计数
L2:             LCALL Disp55           ;调用 8255 显示子程序
                SJMP L2
                ;T0 中断服务程序
INTT0:          PUSH PSW               ;保护现场
                PUSH ACC
                SETB RS0               ;设置使用寄存器区 1
                MOV TH0,#0B8H          ;重复 T0 定时初值
                MOV TL0,#00H
                INC Cnt20ms            ;Cnt20ms 单元加 1
                MOV A,Cnt20ms
                CJNE A,#25,L3          ;判断是否到达 0.5s
L3:             JC  L5                 ;未到 0.5s,跳转至恢复现场、中断返回
                MOV Cnt20ms,#0         ;Cnt20ms 单元清 0
                MOV R7,#06H            ;将显示缓冲区 6 个单元的内容加 1
                MOV R0,#D_buf
L4:             MOV A,@R0
                INC A
                ANL A,#0FH             ;将高 4 位清 0
                MOV @R0,A
```

```
                INC  R0
                DJNZ R7,L4
L5:     POP  ACC                     ;恢复现场
        POP  PSW
        RETI                         ;中断返回
                    ;8255 显示扫描子程序 Disp55
                    ;入口：在 D_buf 显示缓冲区的待显数字或符号
                    ;出口：D_buf[0]显示在最左边的 LED 上，…
                    ;      D_buf[5]显示在最右边的 LED 上
                    ;本子程序调用了一个延时 1ms 的子程序 DL1
Disp55: MOV  R0,#D_buf               ;R0 指针指向显示缓冲区首址
        MOV  R3,#0DFH                ;准备从最左边 LED 开始显示，位控码为 DEH
LP0:    MOV  DPTR,#0FF21H            ;8255 的 PB 口地址，控制 LED 的段控端
        MOV  A,@R0                   ;从显示缓冲区取数
        ADD  A,#TAB-$-3              ;从 TAB 字型表中查对应的字型控制码
        MOVC A,@A+PC
        MOVX @DPTR,A                 ;将查得的字型码送 8255 的 PB 口
        MOV  A,R3                    ;从 R3 中取回位控码
        MOV  DPTR,#0FF20H            ;8255 的 PA 口地址，控制 LED 的位控端
        MOVX @DPTR,A                 ;将位控码送 8255 的 PA 口
        ACALL DL1                    ;延时 1ms
        MOV  A,#0FFH                 ;显示下一位前，先关闭上一位显示
        MOVX @DPTR,A
        INC  R0                      ;调整指针
        MOV  A,R3                    ;取回位控码
        JNB  ACC.0,LP1              ;若将所有 6 个数码管都扫描过，则跳转到返回
        RR   A                       ;调整位控码，准备显示下一位数码
        MOV  R3,A                    ;将位控码存回 R3
        SJMP LP0                     ;跳转到显示下一位数码
LP1:    RET
                    ;0~9，A~F 及部分符号的字形表
TAB: DB 0C0H,0F9H,0A4H,0B0H,99H,92H,82H,0F8H
     DB 80H,90H,88H,83H,0C6H,0A1H,86H
     DB 8EH,0FFH,0CH,89H,7FH,0BFH
                    ;1ms 延时子程序
DL1:    MOV  R7,#02H
DL:     MOV  R6,#0FFH
DL6:    DJNZ R6,DL6
        DJNZ R7,DL
        RET
        END
```

5. 实验步骤

（1）在计算机 Windows 环境下用鼠标选择桌面上 Keil μVision5 仿真开发系统图标，双击该图标便可进入 Keil μVision 的工作界面，创建工程名、选择单片机型号（如 89C52）。

（2）输入设计的模块文件：新建文件并输入程序或打开编辑好的程序。

（3）将模块文件选入工程：用鼠标单击文本编辑框左侧"Target1"前面的"+"号，右击"Source Group1"，在弹出的快捷菜单中选择"Add Existing Files to Group'Source Group1'"选项，然后在弹出的"Add Files to Group'Source Group1'"对话框中选择需加入的文件，单击"Add"按钮，加完后单击"Close"按钮，关闭对话框。

（4）设置环境

在弹出的"Options for Target'Target1'"对话框中设置编译环境，单击对话框中的"Debug"标签页，在此标签页中选择硬件仿真"Use Keil Monitor 51 Driver"，同时单击右侧的"Settings"按钮，进入串口通信参数的设置，选择通信线所连的 COM 口，将波特率设为 57600，确定后返回。

（5）编译程序

选择【Project】→【Rebuild all target files】选项，如果编译成功，状态框将显示"0 Error(s)，0 Warning(s)"；否则修改源程序，重新编译，直到成功。

（6）调试程序

① 选择【Debug】→【Start/Stop Debug Session】选项或对应快捷按钮，进入调试界面，在调试界面中可以对程序进行单步或全速运行的调试。

② 运行程序：用鼠标选择【Debug】→【Run】或对应快捷按钮，观察 L1～L8 指示灯的变化情况。若结果不正确，手动复位实验仪的 CPU，选择【Debug】→【Start/Stop Debug Session】选项或对应快捷按钮，退出调试状态，修改程序后，重新调试。

3.3　MCS-51 汇编语言程序设计实验

3.3.1　多字节带符号数加法实验

1. 实验目的

（1）了解多字节带符号数相加的编程思路与方法；
（2）掌握数据传送和算术运算指令的用法。

2. 实验内容

编写并调试一个多字节带符号数加法实验程序，其功能为将内存 RAM 中以 50H 为首址的 20 个单元内容相加，结果存放于 R3R4 中。

3. 参考程序流程框图

多字节带符号数加法实验程序参考流程如图 3.9 所示。

4. 设计提示

一字节的带符号数相加结果可能为双字节，因此，运算方法是将两数扩展为双字节的数，然后相加；首先判断数是正数还是负数，正数高位字节送"00H"，负数高位字节送"FFH"。

5. 实验步骤

编写程序，通过键盘向 50H 为首址的单元输入 20 个带符号的十六进制数，调试并运行程序后，检查并记录 R3R4 中的内容。

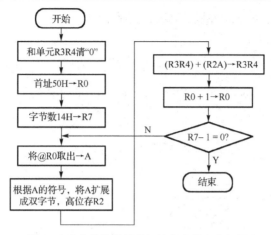

图 3.9 多字节带符号数加法程序参考流程图

3.3.2 无符号十进制数加法实验

1. 实验目的

（1）了解压缩 BCD 码加法运算的思路与编程方法；

（2）掌握双字节无符号十进制数相加运算的程序设计方法。

2. 实验内容

编写并调试一个双字节无符号十进制数加法程序，其功能为将由键盘输入的两字节压缩 BCD 码（4 位十进制数，因一字节压缩 BCD 码为两位十进制数）的加数和被加数写入内部 RAM 中，并将这两个数相加，结果存放于 R1 指向的内部 RAM 和显示缓冲器中，并循环调用显示子程序，显示运算结果。

例如：被加数写入 41H、40H 单元，加数写入 51H、50H 单元，运算结果写入 52H、51H、50H 中，则加法程序功能为：

（41H）（40H）+（51H）（50H）→（52H）（51H）（50H）

3. 参考流程框图

无符号十进制数加法实验程序参考流程框图如图 3.10 所示。

4. 实验步骤

编写程序，通过键盘向 41H、40H 单元、51H、50H 单元输入无符号十进制的数，调试并运行程序后，检查 52H、51H、50H 中的内容是否正确，并记录实验结果。

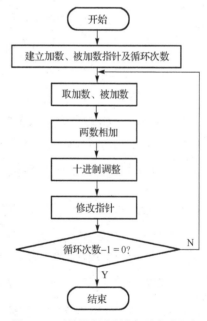

图 3.10 无符号十进制数加法实验程序
参考流程框图

3.3.3 无符号十进制数减法实验

1. 实验目的

（1）了解压缩 BCD 码减法运算的思路与编程方法；

（2）掌握双字节无符号十进制数减法运算的程序设计方法。

2. 实验内容

编写并调试一个双字节无符号十进制数减法实验程序，其功能为将内存 RAM 中存放的无符号十进制数压缩 BCD 码被减数、减数相减，结果存放于 R1 指向的内部 RAM 中。

3. 参考流程框图

无符号十进制数减法实验程序参考流程框图如图 3.11 所示。

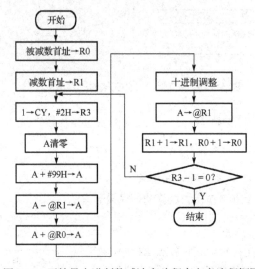

图 3.11　无符号十进制数减法实验程序参考流程框图

4. 实验步骤

编写程序，通过键盘向 R0、R1 所指的内部 RAM 单元中分别输入两组无符号十进制数，调试并运行程序后，检查 R1 指向的内部 RAM 单元中的内容是否正确，并记录实验结果。

3.3.4 双字节压缩 BCD 码乘法实验

1. 实验目的

（1）了解数值的各种表达方式及多字节压缩 BCD 码乘法运算的思路与方法；
（2）掌握双字节压缩 BCD 码相乘运算的程序设计方法。

2. 实验内容

编写并调试一个双字节 BCD 码乘法程序，将存放在内存中的两个双字节压缩 BCD 码相乘，结果存放在 R1 所指的内部 RAM 中。

3. 参考流程框图

双字节压缩 BCD 码乘法实验程序参考流程框图如图 3.12 所示。

4. 实验步骤

编写程序，通过键盘向 R2R3 和 R6R7 中输入无符号十进制数，调试并运行程序后，检查 R1 指向的内部 RAM 单元中的内容，并记录实验结果。

3.3.5 单字节压缩 BCD 码除法实验

1. 实验目的

（1）了解压缩 BCD 码相除运算的思路与方法；
（2）掌握单字节 BCD 码相除运算的程序设计方法。

2. 实验内容

编写并调试一个单字节 BCD 码除法程序，将存放在 40H、50H 中的两个单字节 BCD 码数相除，商放在 R2 中，余数放在 R3 中，同时商送显示缓冲器 3AH、39H 中。

3. 参考流程框图

单字节压缩 BCD 码除法实验程序参考流程框图如图 3.13 所示。

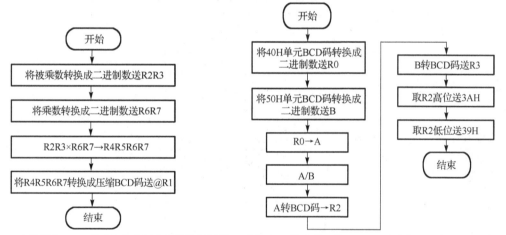

图 3.12 双字节压缩 BCD 码乘法实验程序参考流程框图　　图 3.13 单字节压缩 BCD 码除法实验程序参考流程框图

4. 实验步骤

编写程序，通过键盘向 40H、50H 单元中输入十进制数，调试并运行程序后，查看 3AH、39H 单元及 R2、R3 中的内容，并记录实验结果。

3.3.6 多字节无符号数乘法实验

1. 实验目的

（1）熟悉移位相加法实现多字节无符号数相乘的思路与方法；
（2）掌握三字节无符号数相乘的程序设计方法。

2. 实验内容

编写并调试一个实现两个三字节无符号数相乘的程序。
入口：
（1）R1：被乘数低位字节地址指针；
（2）R0：乘数低位字节地址指针；

（3）R2：被乘数字节数；

（4）R3：乘数字节数。

出口：

（1）R4：积的低位字节地址指针；

（2）R5：积的字节数。

3. 参考流程框图

多字节无符号数乘法实验程序参考流程框图如图 3.14 所示。

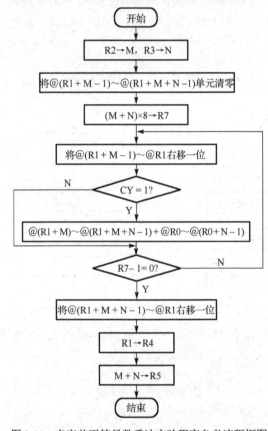

图 3.14　多字节无符号数乘法实验程序参考流程框图

4. 实验步骤

编写程序，向 R0、R1 所指的内部 RAM 单元中各输入三字节无符号数，调试并运行程序后，检查 R5 中和 R4 指向的内部 RAM 单元（6 字节）中的内容，并记录实验结果。

3.3.7　双字节无符号数除法实验

1. 实验目的

（1）熟悉移位相减法实现多字节无符号数相除的思路与方法；

（2）掌握双字节无符号数除法的程序设计方法。

2. 实验内容

采用移位相减的方法编程实现两个双字节无符号数的除法，不考虑四舍五入，余数在 R7（高）、R6（低）中。

入口——被除数：R5、R4；非零除数：R3、R2；

出口——商：R5、R4；余数：R7、R6。

3. 参考流程框图

双字节无符号数除法实验程序参考流程框图如图 3.15 所示。

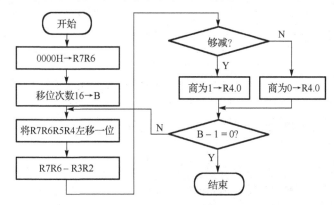

图 3.15　无符号数除法实验程序参考流程框图

4. 实验步骤

编写程序，向 R5R4、R3R2 中分别输入无符号数的被除数和除数，调试并运行程序后，查看商 R5R4 中和余数 R7R6 中内容，并记录实验结果。

3.3.8　带符号双字节数乘法实验

1. 实验目的

（1）熟悉多字节带符号数进行乘法运算的思路与方法；

（2）掌握双字节带符号数相乘的程序设计方法。

2. 实验内容

编写并调试一个实现两个双字节带符号数相乘的程序。

入口——被乘数：R5、R4；乘数：R3、R2。

出口——积存放在 R1 为指针的内部 RAM 单元。

3. 参考流程框图

双字节带符号数乘法实验程序参考流程框图如图 3.16 所示。方法为先把补码形式的乘数和被乘数转变成原码，做无符号数乘法，然后再把积转换成补码。

4. 实验步骤

编写程序，通过键盘向 R5R4、R3R2 中输入带符号十六进制数，调试并运行程序后，查看 R1 指向的内部 RAM 单元中的内容，并记录实验结果。

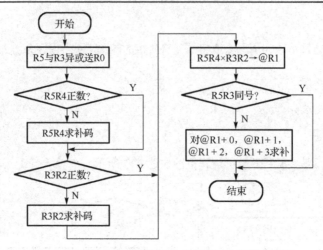

图 3.16　双字节带符号数乘法实验程序参考流程框图

3.3.9　带符号双字节数除法实验

1. 实验目的

（1）熟悉多字节带符号数进行除法运算的思路与方法；
（2）掌握双字节带符号数相除的程序设计方法。

2. 实验内容

编写并调试一个实现两个双字节带符号数相除的程序。
入口——被除数：R5、R4；非零除数：R3、R2。
出口——商：R5、R4。

3. 参考流程框图

双字节带符号数除法实验程序参考流程框图如图 3.17 所示。先把补码形式的除数和被除数转换成原码，做双字节无符号数除法，然后再把商转换成补码。

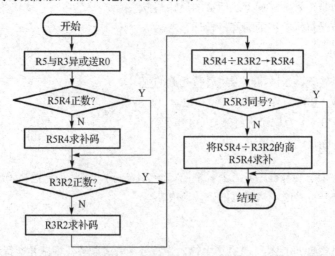

图 3.17　双字节带符号数除法实验程序参考流程框图

4. 实验步骤

编写程序，通过键盘向 R5R4、R3R2 中输入带符号十六进制数（非零除数），调试并运行程序后，查看 R5R4 中的内容，并记录实验结果。

3.3.10　双字节数取补实验

1. 实验目的

（1）进一步熟悉二进制数补码的概念和计算的方法；
（2）掌握求取多字节二进制数补码的程序设计方法。

2. 实验内容

编写并调试一个实现对存放在 R3、R2 中的双字节数取补的程序，结果仍存放在 R3、R2 中。

3. 参考程序流程框图

双字节数取补实验程序的参考流程框图如图 3.18 所示。程序中采用的方法是对 R3、R2 取反加 1，便得其补码。

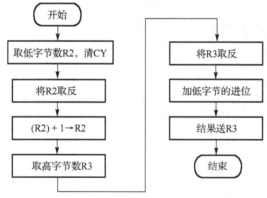

图 3.18　双字节数取补实验程序参考流程框图

4. 实验步骤

编写并调试程序，向 R3、R2 中输入带符号的十六进制数，运行程序，记录求得的补码数。

3.3.11　双字节 BCD 码数求补实验

1. 实验目的

（1）了解 BCD 码数补码的概念和计算的方法；
（2）掌握求取十进制数（BCD 码）补码的程序设计方法。

2. 实验内容

编写并调试一个实现对存放在 R3、R2 中的双字节 BCD 码数取补的程序，结果仍存放在 R3、R2 中。

3. 参考流程框图

BCD 码数求补实验程序的参考流程框图如图 3.19 所示，4 位 BCD 码与其补码之和为 10000。

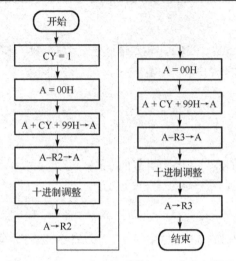

图 3.19　BCD 码数求补实验程序参考流程框图

4．实验步骤

编写程序，向 R3R2 输入 4 位十进制数，调试并运行程序后，记录求得的补码数结果。

3.3.12　统计相同数的个数实验

1．实验目的

（1）了解单片机进行数据搜索与统计的方法；
（2）掌握在外部 RAM 中进行数据统计的程序
设计方法。

2．实验内容

编写并调试一程序，其功能为统计 n 个在外部
RAM 单元（如 2000H～200FH）中内容为 00H 的
字节个数，把查找到的内容为 00H 的个数存放在
2100H 中。

3．参考流程框图

统计相同数的个数实验的程序参考流程框图
如图 3.20 所示。

4．实验步骤

编写程序，通过键盘在 2000H～200FH 单元中
输入一组含零的数据，调试并运行程序后，查看并
记录在 2100H 中所统计的数据为 00H 的个数。

5．思考问题

（1）如何修改程序，统计 RAM 单元中负数的
个数？

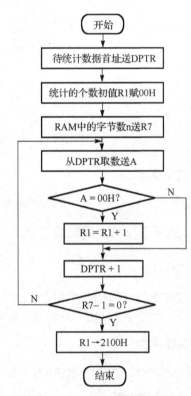

图 3.20　统计相同数的个数实验程序参考流程框图

3.3.13　数据的奇偶校验实验

1．实验目的

（1）了解对内存中一组数据进行奇偶校验的原理；

（2）掌握对数据进行奇偶校验的编程方法。

2．实验内容

编写并调试一个对数据进行奇偶校验的程序。假设 10 字节 ASCⅡ码存于以 2800H 为首址的外部数据存储单元中，对它们加上奇偶校验位后，存于以 2800H 为首址的存储单元中。

3．参考流程框图

奇偶校验实验的程序流程框图如图 3.21 所示。

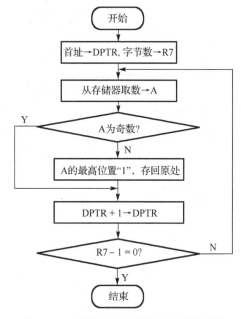

图 3.21　奇偶校验实验程序参考流程框图

4．实验步骤

编写程序，通过键盘在外部数据存储器 2800H～2809H 单元中输入 ASCⅡ码，调试并运行程序后，查看 2800H～2809H 单元中的结果。

3.3.14　数据传送实验

1．实验目的

（1）了解内部 RAM 与外部 RAM 之间的读/写方法差异；

（2）掌握内部 RAM 和外部 RAM 之间进行数据传送的编程方法。

2．实验内容

编写并调试一个数据传送程序，将内部 RAM 中 40H～4FH 的 16 个数据送到外部数据存储器的

8000H～800FH 地址中,然后再将外部数据存储器 8000H～800FH 中的数据送回到单片机内部 RAM 的 50H～5FH 单元中。

3. 设计提示

（1）内部 RAM 中 00H～7FH 之间的数据可采用 MOV A，direct 或 MOV A，@R0 指令进行存取；
（2）外部 RAM 的数据只能用 MOVX　A，@DPTR 或 MOVX　A，@R0 指令进行存取。

4. 参考流程框图

数据传送实验的程序参考流程框图如图 3.22 所示。

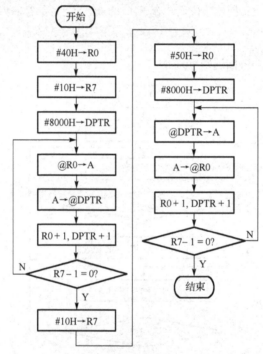

图 3.22　数据传送实验程序参考流程框图

5. 实验步骤

编写程序，通过键盘在内部 RAM 的 40H～4FH 单元中输入数据，调试并运行程序后，查看并记录内部 RAM 的 40H～4FH、50H～5FH 和外部数据存储器的 8000H～800FH 中的数据。

3.3.15　数据查表实验

1. 实验目的

（1）了解汇编程序设计中查表的方法；
（2）掌握单字节查单字节、单字节查双字节的查表程序设计方法。

2. 实验内容

（1）设计并调试一个查表子程序，其功能为应用查表指令 MOVC A，@A+PC 或 MOVC A，@A+DPTR，求 40H 单元数值的平方值，结果送 41H 单元，要求（40H）<=15，在程序代码区存放 0～15 的平方值表。

（2）设计并调试一个查表子程序，其功能为应用查表指令 MOVC A，@A+DPTR，求存于（40H）单元二进制数对应的一双字节数表示的温度值送 41H、42H。其中高字节表示温度值的整数，低字节表示温度值的小数。子程序入口时（40H）≤255。温度值表以二字节压缩 BCD 码的形式存于程序代码区。

3. 参考流程框图

单字节查单字节的程序参考流程框图如图 3.23 所示，单字节查双字节的程序参考流程框图如图 3.24 所示。

4. 实验步骤

（1）编写程序，通过键盘在 40H 单元输入一个小于 0FH 的二进制数，调试并运行程序后，查看并记录 41H 单元中的平方值。

（2）编写程序，通过键盘在 40H 单元输入一个小于 FFH 的二进制数，调试并运行程序后，查看并记录 41H、42H 单元中的所对应的温度值（十进制数）。

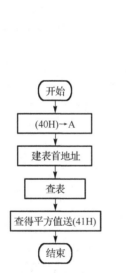

图 3.23 单字节查单字节程序参考流程框图

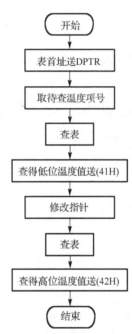

图 3.24 单字节查双字节程序参考流程框图

3.3.16 整数二进制转十进制实验

1. 实验目的

（1）了解十六进制数到 BCD 码之间转换的思路；
（2）掌握十六进制数到 BCD 码之间的程序设计方法。

2. 实验内容

编写并调试一个二进制数转十进制数程序，其功能为将存放在 40H 单元中的二进制数转换成十进制数，百位放在 50H 单元，十位放在 51H 单元，个位放在 52H 单元。

3．参考流程框图

整数二进制转十进制实验的程序参考流程框图如图 3.25 所示。程序采用除 10 取余法实现。

4．实验步骤

编写程序，通过键盘在 40H 单元中输入一个十六进制数表示的二进制数，调试并运行程序后，查看并记录 50H（百位）、51H（十位）、52H（个位）单元的内容。

3.3.17　整数十进制转二进制实验

1．实验目的

（1）进一步了解二进制码与 BCD 码之间的区别；
（2）掌握 BCD 码表示的十进制数到十六进制数之间的程序设计方法。

2．实验内容

编写并调试一个十进制数转换成二进制数程序，其功能为将存放在 50H（百位）、51H（十位）、52H（个位）的十进制数转换成二进制数，存放在 40H（高）、41H（低）中。

3．参考流程框图

十进制数转换成二进制数的程序参考流程框图如图 3.26 所示。程序中采用的方法如下：
二进制数 = {[(百位数×10) + 十位数]×10} +个位数

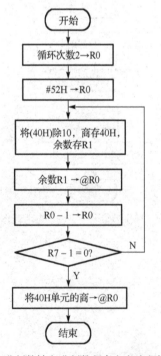

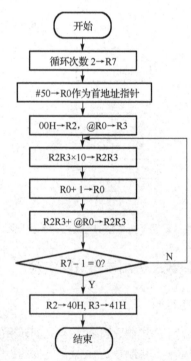

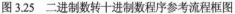

图 3.25　二进制数转十进制数程序参考流程框图　　　　图 3.26　十进制数转二进制数程序参考流程框图

4．实验步骤

编写程序，通过键盘在 50H（百位）、51H（十位）、52H（个位）单元中输入十进制数（非压缩

BCD 码形式），调试并运行程序后，查看并记录 40H、41H 单元中的十六进制数，分析与 50H～52H 单元的十进制数之间的关系。

3.3.18　ASCⅡ码到十六进制数转换实验

1．实验目的

（1）了解二进制码与 ASCⅡ码之间的关系；
（2）掌握 ASCⅡ码到十六进制数之间的转换思路及编程方法。

2．实验内容

编写并调试一程序，将 R2 寄存器中的 ASCⅡ码转换成对应的十六进制数，存回 R2 寄存器。

3．设计提示

若为 0～9 的 ASCⅡ码，则减去 30H，若为 A～F 的 ASCⅡ码，则减去 37H，便得到相应的十六进制数 0～F。

4．参考流程框图

ASCⅡ码到十六进制数实验程序的参考流程框图如图 3.27 所示。

5．实验步骤

编写程序，通过键盘在工作寄存器 R2 中输入 ASCⅡ码，调试并运行程序后，查看、记录工作寄存器 R2 中转换得到的十六进制数。

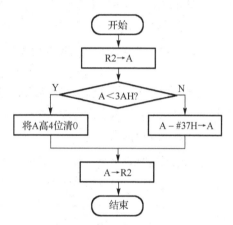

图 3.27　ASCⅡ码到十六进制数转换
实验程序参考流程框图

3.3.19　十六进制数到 ASCⅡ码转换实验

1．实验目的

（1）进一步了解二进制码与 ASCⅡ码之间的关系；
（2）掌握十六进制数到 ASCⅡ码之间的转换思路及编程方法。

2．实验内容

编写并调试一程序，将 R2 寄存器中低 4 位的十六进制数转换成对应的 ASCⅡ码，存回 R2 寄存器。

3．设计提示

大于等于 0AH 的十六进制数加 37H，小于 0AH 的十六进制数加 30H，便得到相应的 ASCⅡ码。

4．参考流程框图

十六进制数到 ASCⅡ码转换实验的程序流程框图如图 3.28 所示。

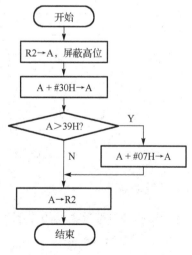

图 3.28　十六进制数到 ASCⅡ码转换
实验程序参考流程框图

5．实验步骤

编写程序，通过键盘在工作寄存器 R2 中输入十六进制数，调试并运行程序后，查看并记录工作寄存器 R2 中转换所得到的 ASCII 码。

3.3.20　数据排序实验

1．实验目的

（1）了解采用冒泡法进行数据排序的原理；

（2）掌握采用汇编语言编写数据排序程序的思路与方法。

2．实验内容

编写并调试一个数据排序程序，其功能为用冒泡法将内部 RAM 中 n 个单字节无符号二进制整数按从小到大的顺序重新进行排列。

3．设计提示

给出一组 n 个不相等的数据存储在所指定的单元（如 50H～59H）中，将此组数据排列顺序，使之成为有序数列。其算法是从第一个数开始，将每个数与后面的每个数相比较，如果后面的数小，则相互交换，如此操作下去将所有的数都比较一遍后，最大的数就会在数列的最后面。然后再进行下一轮比较，再找出第二大数据，如此循环 n 遍，将可实现数据的排序。

4．参考流程框图

冒泡法数据排序实验的程序参考流程框图如图 3.29 所示。

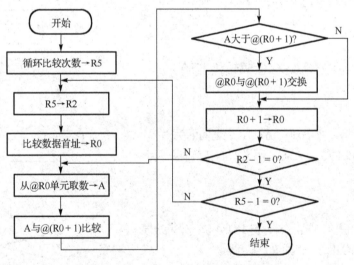

图 3.29　数据排序实验程序参考流程框图

5．实验步骤

编写程序，通过键盘输入 10 个不等的无符号数并存入 50H～59H，调试并运行程序后，检查 50H～59H 中内容的变化情况。

6．思考问题

如何修改程序，将 50H～59H 中的内容按从大到小的顺序排列？

3.3.21　数据中值平均滤波实验

1．实验目的

（1）了解采用中值平均滤波法消除由随机噪声引起的误差的原理；

（2）掌握采用汇编语言编写中值平均滤波程序的思路与方法。

2．实验内容

编写并调试一个中值平均滤波程序，其功能为：设有 10 个无符号二进制数存于以 40H 为首址的单元中，先进行数据排序，去除最大、最小值，然后求平均数获得滤波值，并将滤波值存于 4AH 单元中。

3．实验原理

随机误差是由串入仪表的随机干扰所引起的，为了克服随机干扰引入的误差，首先必须在仪器的结构和电路上采取各种防护干扰的措施和方法，减小外界干扰对仪器的影响（如屏蔽、滤波等）。在此基础上再按统计规律，用软件算法来进一步抑制有效信号中的干扰成分，消除随机误差，以保证系统的正常、可靠运行。

采用数字滤波算法克服随机干扰引入的误差具有如下优点。

（1）数字滤波无须硬件，只是一个计算过程，因此可靠性高，不存在阻抗匹配问题，尤其是数字滤波可以对频率很高或很低的信号进行滤波。

（2）数字滤波是用软件算法实现的，因此可以使多个输入通道公用一个软件"滤波器"，从而降低仪器仪表的硬件成本。

（3）只要适当改变软件滤波器的滤波程序或运算参数，就能方便地改变滤波特性，这对于低频、脉冲干扰、随机噪声等特别有效。

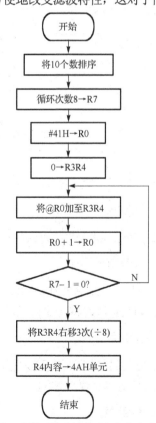

中值平均滤波是对某一被测参数连续采样 n 次，然后把 n 次采样值按大到小排列，去除最大、最小值后对剩余的采样值求平均的值作为本次采样值。中值平均滤波能有效地克服偶然因素引起的波动或采样器不稳定引起的误码等脉冲干扰。对温度、液位等缓慢变化的被测量，采用此法能收到良好的滤波效果。

4．设计提示

给出 10 个不相等的无符号二进制数，存储在所指定的单元（如 40H～49H）中，将此组数据按图 3.29 所述的方法进行排序，得到的最大数在数列的最前，最小的数在数列的最后；然后去掉最前的（最大）值，再去掉最后的（最小）值，将剩余的数求和取平均，即得中位平均值。

5．参考流程框图

中值平均滤波实验的程序参考流程框图如图 3.30 所示。先进行排序，去除最大、最小值后进行求和，通过右移 3 位完成除 8 运算。

6．实验步骤

编写程序，通过键盘输入 10 个不等的数据，存入 40H～49H 单元，调试并运行程序后，检查并记录 4AH 单元中的内容。

图 3.30　中值平均滤波实验程序参考流程框图

第4章　单片机硬件与接口实验

4.1　MCS-51 单片机硬件实验

4.1.1　P1 口输出实验

1. 实验目的

（1）掌握 P1 口作输出端口使用的原理及编程方法；
（2）加深 I/O 端口对外部电路驱动原理的理解。

2. 实验内容

P1 口作输出，驱动 8 只发光二极管，编写程序，以 1s 的时间间隔使一个发光二极管从左到右循环点亮。

3. 实验原理

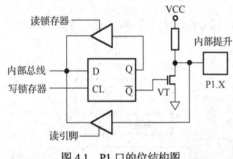

图 4.1　P1 口的位结构图

P1 口为 8 位准双向口，每一位都可独立地定义为输入或输出，每一位的内部结构如图 4.1 所示。

当 CPU 执行写 P1 口指令，如 MOV P1，#55H 时，P1 口工作在输出方式，此时数据经内部总线送入锁存器锁存，若内部总线某位的数据为 1，加于锁存器的 D 端，在写锁存器信号的触发下，锁存器输出端 Q = 1，$\overline{Q}$ = 0，使 VT 截止，上拉电阻将输出引脚电位拉至高电平，此时 P1 口对应引脚输出为 1；当加于 D 端的数据为 0 时，$\overline{Q}$ = 1，VT 导通，P1 口对应引脚输出为 0。

因此，要使 P1 口工作在输出方式，只需直接执行向 P1 口写数据指令。注意，P1 口作为输出时，其输出端能驱动 4 个 TTL 负载。

4. 实验电路及连线

P1 口输出实验电路及连线如图 4.2 所示。

5. 参考流程框图

P1 口输出实验程序的参考流程框图如图 4.3 所示，实验中延时子程序采用指令循环来实现，机器周期（由 CPU 的晶振频率决定）×指令所需机器周期数×循环次数即为延时时间。

6. 实验步骤

将 P1.0～P1.7 插孔用导线连至 LED 指示灯驱动输入插孔 L1（左）～L8（右），运行程序后，观察发光二极管闪亮移位情况。

7. 思考题

（1）如何使发光二极管闪亮的时间改变？

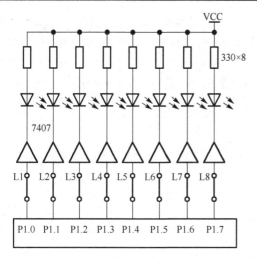

图 4.2　P1 口输出实验电路及连线

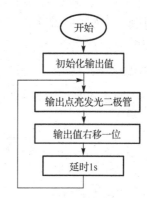

图 4.3　P1 口输出实验程序参考流程框图

（2）如何使发光二极管闪亮移位方向改变？

（3）如何改变移动时发亮发光二极管的数量（如每次亮两个）？

（4）如果用 P1 口控制一个实际负载，如 220V Ac 的白炽灯或一个加热用的电炉，硬件上该如何实现？

4.1.2　P 口输入实验

1. 实验目的

（1）掌握 P3 口作输入端口使用的原理及编程方法；

（2）巩固 P1 口作输出端口使用的方法。

2. 实验内容

P3.3 口输入手动单脉冲信号，控制 P1 口将输入的脉冲个数计数值按十六进制方式点亮发光二极管。

3. 实验原理

P3 口为 8 位双功能口，每一位都可独立地定义为输入或输出，每一位的内部结构如图 4.4 所示。

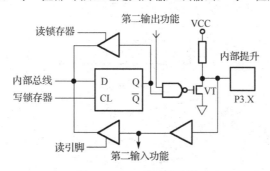

图 4.4　P3 口的位结构图

P3 口作 I/O 使用时，其逻辑关系与 P1 口相同。当工作在输入方式时，对应位的锁存器必须先置 1，使 Q＝1，这时 VT 截止，通过读引脚信号才能将 P 口引脚上的电平状态读入内部总线。否则，若对应位的锁存器值为 0，VT 导通，P 口引脚被强拉为低电平，读引脚读到的结果总是为 0，实际上这时 P 口引脚上也无法建立高电平。单片机复位后，P 口锁存器的状态均为高电平，可以直接作输入使用。此外，从图 4.4 可以看出，每个 P 端口都有两种读入，即读锁存器和读引脚，读引脚指令一般都是以 I/O 端口为源操作数的指令，如 MOV C，P3.3，而读锁存器指令一般为"读→修改→写"指令，如 ANL P3.3，C 指令。

4．实验电路及连线

P 口输入实验电路及连线如图 4.5 所示，P1 口接发光二极管，P3.3 接单脉冲发生器输出。

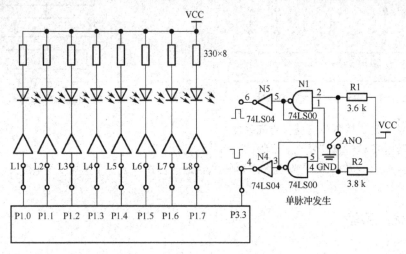

图 4.5　P 口输入实验电路及连线

5．参考流程框图

P 口输入实验程序的参考流程框图如图 4.6 所示。

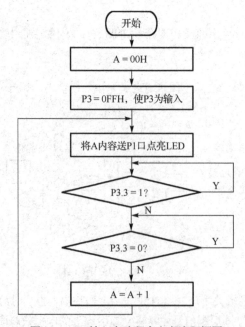

图 4.6　P 口输入实验程序参考流程框图

6. 实验步骤

P3.3 孔用连线连至单脉冲发生器输出，P1.0～P1.7 孔连至 L1～L8，运行程序后，拨动 AN0，观察发光二极管 L1～L8 闪亮的情况。

4.1.3　INT0/INT1 外部中断实验

1. 实验目的

（1）掌握 MCS-51 单片机中断原理及编程方法；

（2）了解中断的触发方式及中断优先级的概念。

2. 实验内容

（1）通过将单脉冲发生器输出的脉冲信号加于 INT0，开关 K1 产生负脉冲信号加于 INT1。主程序运行以 1s 为间隔循环点亮相邻两个 LED 的程序，设置 INT0 为低优先级，当按动单脉冲发生器的 AN0 时，发出中断信号，使 8 个 LED 以 1.0s 的间隔按"全亮–全灭"的方式闪动 10s。结束后继续以 1s 为间隔循环点亮相邻两个 LED。

（2）完成上个实验后，设置 INT1 的触发方式为边沿触发，优先级为高优先级，按动开关 K1，产生负脉冲，向 INT1 申请中断，INT1 中断服务程序中让 8 个 LED 以 0.5s 的间隔按"全亮–全灭"的方式闪动 2s。观察并记录 LED 变化的现象。

（3）分别将 INT1 的优先级设置为低优先级、或触发方式设置为电平触发，重复第（2）步实验。

3. 实验原理

MCS-51 单片机有 5 个中断源，其中两个是由 $\overline{INT0}$、$\overline{INT1}$ 引脚输入的外部中断源，另外三个是内部中断源，即由 T0、T1 的溢出引起的中断和串行口发送完一字节或接收到一字节数据引起的中断。外部中断有两种触发方式，即下降沿引起中断或低电平引起中断，同时系统有两个中断优先级，每个中断源可编程为高优先级中断或低优先级中断，实现二级中断嵌套。

（1）中断源

MCS-51 单片机的 5 个中断请求源分别由 TCON 与 SCON 的相应位锁存。TCON 寄存器（88H）中与中断有关的位如下：

D7	D6	D5	D4	D3	D2	D1	D0
TF1		TF0		IE1	IT1	IE0	IT0

① TF1：T1 溢出中断标志（计数器溢出后，由硬件置 1，响应中断后置 0，也可软件查询清 0）。

② TF0：T0 溢出中断标志（计数器溢出后，由硬件置 1，响应中断后置 0，也可软件查询清 0）。

③ IE1：外部中断 1 请求源（INT1）标志；IE1=1，表示外中断 1 请求中断，当 CPU 响应中断后，由硬件清 0。

④ IE0：外部中断 0 请求源（INT0）标志。

SCON 寄存器（98H）中与中断有关的位如下：

D7	D6	D5	D4	D3	D2	D1	D0
						TI	RI

⑤ TI：串行口发送中断标志；RI：串行口接收中断标志。它们公用一个中断矢量，即中断允许、优先级、入口等。

（2）中断控制

CPU 对中断是否开放，由中断允许寄存器 IE（A8H）控制，IE 寄存器的格式如下：

D7	D6	D5	D4	D3	D2	D1	D0
EA	/	/	ES	ET1	EX1	ET0	EX0

① EA：CPU 的中断开放标志；　　　　　EA=1 开放，EA=0 关所有中断。

② ES：串行口中断允许位；　　　　　　ES=1 允许串行口中断。

③ ET1：定时器 T1 的溢出中断允许位；　ET1=1 允许定时器 T1 溢出中断。

④ EX1：外部中断 1 中断允许位；　　　 EX1=1 允许 INT1 中断。

⑤ ET0：T0 的溢出中断允许位；　　　　ET0=1 允许定时器 T0 溢出中断。

⑥ EX0：外部中断 0 中断允许位；　　　 EX0=1 允许 INT0 中断。

（3）中断优先级设置

MCS-51 单片机 5 个中断的中断优先级由寄存器 IP（B8H）控制，IP 寄存器的格式如下：

D7	D6	D5	D4	D3	D2	D1	D0
/	/	/	PS	PT1	PX1	PT0	PX0

① PS：串行口中断优先级控制位；PS=1 定义为高级中断，否则为低；

② PT1：定时器 T1 中断优先级控制位；PT1=1 定义为高级中断，否则为低；

③ PT0：定时器 T0 中断优先级控制位；PT0=1 定义为高级中断，否则为低；

④ PX1：外部 INT1 中断优先级控制位；PX1=1 定义为高级中断，否则为低；

⑤ PX0：外部 INT0 中断优先级控制位；PX0=1 定义为高级中断，否则为低。

（4）在 CPU 同时接到几个同样优先级的中断请求源时，将由查询（硬件）序列来确定响应哪个中断，其查询次序如下。

① 外部中断 0：　　　　查询次序最先、自然中断优先级高。

② 定时器 T0 中断：　　查询次序第 2。

③ 外部中断 1：　　　　查询次序第 3。

④ 定时器 T1 中断：　　查询次序第 4。

⑤ 串行口中断：　　　　查询次序最后、自然中断优先级低。

（5）中断服务程序入口

MCS-51 各中断源的中断服务程序入口地址如下，如果某中断被允许，则需在下列相应地址中放入一条跳转到相应服务程序的跳转指令。

① 外部中断 0：　　　　0003H。

② 定时器 0：　　　　　000BH。

③ 外部中断 1：　　　　0013H。

④ 定时器 1：　　　　　001BH。

⑤ 串行口中断：　　　　0023H。

4. 实验电路及连线

外部中断实验电路及连线如图 4.7 所示，单脉冲发生器信号接 INT0，K1 接 INT1。

5. 参考流程框图

外部中断实验的参考流程框图如图 4.8 所示，参考流程只给出了 INT0 中断服务程序的思路，完成第一步实验后，INT1 中断服务程序的流程可参考 INT0 的流程按实验要求自行设计，同时在主程序中增加对 INT1 的初始化和中断允许控制。

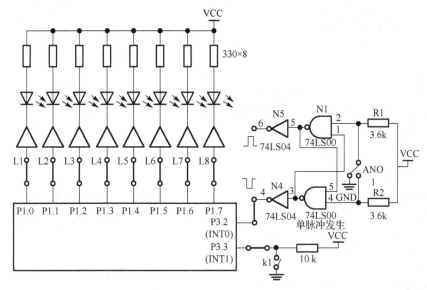

图 4.7　外部中断实验线路图

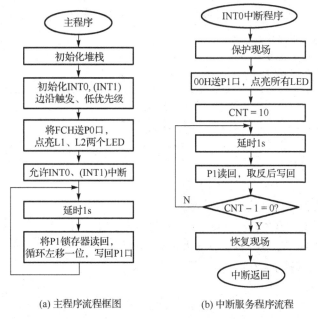

(a) 主程序流程框图　　　　(b) 中断服务程序流程

图 4.8　外部中断实验程序参考流程框图

6. 实验步骤

（1）按图 4.7 连好 P1 口和 INT0 的接线，运行编译、连接、装载后的程序，观察 LED 的显示，拨动 AN0，产生 "⎍" 负脉冲，再观察 LED 的显示变化，直到达到实验要求。

（2）将 K1 连至 INT1，增加 INT1 的中断服务程序，先使 INT1 的中断优先级为高优先级，触发方式为边沿触发，运行修改后的程序，观察在拨动 AN0 且 LED 闪动后再拨动 K1 时，LED 的显示变化。

（3）在第（2）步的基础上，改变 INT1 的中断优先级、触发方式，再观察 LED 的显示变化，并做出解释。

4.1.4　T0/T1 定时器实验

1．实验目的

（1）掌握 MCS-51 单片机内部定时器 T0/T1 的原理及使用方法；

（2）掌握定时器 T0/T1 的初始化及编程方法；

（3）进一步掌握中断程序的调试方法。

2．实验内容

初始化设置内部定时器 T0 工作在方式 1，即作为 16 位定时器使用。定时时间为 10ms，每 10ms T0 溢出中断一次。将 P1 口的 P1.0～P1.7 分别接发光二极管 L1～L8。编写程序模拟一时序控制装置。开机后第一秒 L1、L3 亮，第二秒 L2、L4 亮，第三秒 L5、L7 亮，第四秒 L6、L8 亮，以后又从头开始，一直循环。

3．实验原理

MCS-51 单片机内部有两个 16 位的定时/计数器：T0 和 T1，它们可用于定时和外部事件计数。它们的工作方式由寄存器 TMOD（89H）控制，运行则由寄存器 TCON（88H）控制，定时器溢出中断的管理在 4.1.3 节中已做过说明。

（1）工作方式寄存器 TMOD

TMOD 控制寄存器的格式如下：

D7	D6	D5	D4	D3	D2	D1	D0
GATE	C/T	M1	M0	GATE	C/T	M1	M0
T1 方式字段				T0 方式字段			

① 工作方式选择位 M1、M0

M1 M0=00：方式 0　　13 位定时器/计数器

　　　　01：方式 1　　16 位定时器/计数器

　　　　10：方式 2　　常数自动重新装入的 8 位定时器/计数器

　　　　11：方式 3　　仅适用于 T0，分为两个 8 位计数器

② 定时与计数方式选择位 C/T

C/T=0：定时器方式

采用晶振脉冲的 12 分频信号作为计数脉冲。

C/T=1：计数器方式

采用 T0（P3.4）或 T1（P3.5）的外输入脉冲计数，脉冲负跳变，计数器加 1 计数，最高频率为 $f_{osc}/24$。

③ 门控位 GATE

GATE=1：计数受外输入引脚电平控制，即 INT0 控制 T0 运行，INT1 控制 T1 运行。

GATE=0：计数不受外输入引脚的控制。

（2）运行控制寄存器 TCON

TCON 的高 4 位用来控制定时器运行，其格式如下：

D7	D6	D5	D4	D3	D2	D1	D0
TF1	TR1	TF0	TR0				
定时器控制				用于外部中断			

① TR0：定时器 T0 运行控制位，由软件置位和复位

GATE=0 时，TR0=1：允许 T0 计数。

GATE=1 时，TR0=1 且 INT0=1：才允许 T0 计数。

② TF0：定时 T0 的溢出标志位

当 T0 被允许计数后，T0 从初值开始加 1 计数，当最高位产生溢出时，置"1" TF0 并向 CPU 发请求中断，当 CPU 响应时由硬件清"0" TF0，TF0 也可由程序查询和清"0"。

③ TR1/TF1：用于 T1 定时器中

（3）T0 的工作方式 1

T0 工作在方式 1 时，其内部结构框图如图 4.9 所示。由图可见，C/$\overline{\text{T}}$ 控制计数器的脉冲源，TR0、GATE 和 INT0 引脚控制计数的启、停，TF0 为溢出中断标志，计数器为 16 位加法计数器。

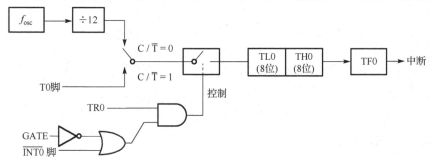

图 4.9　T0 定时器工作方式 1 结构图

4．实验电路及连线

定时器实验电路及连线如图 4.10 所示。由于是内部定时，所以无须外部提供信号，实验中只使用 8 个 LED 发光管指示定时器的定时状态。

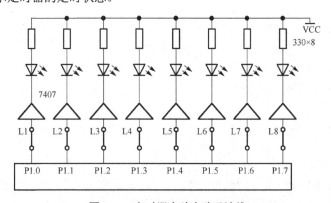

图 4.10　定时器实验电路及连线

5．参考流程框图

定时器实验程序参考流程框图如图 4.11 所示，要实现 1s 定时，可在内部 RAM 区安排一 10ms 计数单元，初始化时将该单元清 0，每来一次中断，将该计数单元加 1，计满 100 次即为 1s。

6. 实验步骤及连线

（1）用导线把 P1.0～P1.7 分别与 L1～L8 连接；

（2）编写、调试、执行程序，观察发光二极管的显示变化状态。

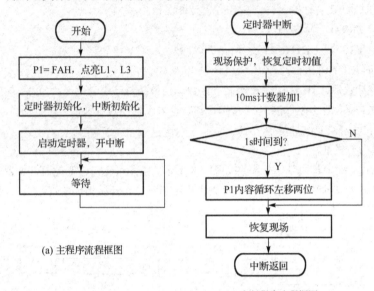

(a) 主程序流程框图

(b) 中断程序流程框图

图 4.11　定时器实验程序参考流程框图

4.1.5　T0/T1 计数器实验

1. 实验目的

（1）熟悉 MCS-51 单片机定时/计数器的外部计数功能；

（2）进一步掌握定时器计数功能初始化及编程方法。

2. 实验内容

实验模拟产品包装线上对物品件数的计数，假设每个包装箱装 10 件物品，每个物品经过传送带时，光电传感器将发出一个脉冲，利用 T0 定时/计数器对该脉冲进行计数，每计满 10 个物件，将箱数计数器加 1，同时将箱数计数值通过 P1 口送 8 个 LED 指示灯（L1～L8）进行显示（箱数计数范围为 0～255）。或将箱数计数值转换成压缩 BCD 码后，送接于 P1 口的两位 BCD 数码显示器显示（箱数计数范围为 0～99）。

光电传感器脉冲由实验仪上单脉冲发生器产生的输出脉冲信号来模拟。

3. 实验原理

外部脉冲信号由 T0（P3.4）引脚输入，每发生一次负跳变，计数器加 1，每输入 10 个脉冲，T0计数器产生溢出中断，在中断服务程序中将"箱数计数器"加 1。

当从 T0（P3.4）引脚输入的脉冲信号由 1 至 0 跳变时，计数器的值加 1。每个机器周期的 S5P2期间，T0 硬件对外部输入引脚进行采样，如果在第一个机器周期中采得的值为 1，而在下一个机器周期中采得的值为 0，则在紧跟着的再下一个机器周期 S3P1 期间计数器加 1。由此可见，检测一次负跳变需两个机器周期，即 24 个时钟周期，所以，外部输入的计数脉冲的最高频率为 CPU 时钟频率的 1/24。

若晶振频率为 12MHz，允许的最高输入频率为 500kHz。此外，为了确保某一电平能被可靠地采样，该电平需至少维持一个机器周期的宽度，在 12MHz 晶振的情况下，脉冲的宽度需大于 1μs。

为实现实验内容的要求，定时/计数器需工作在方式 2，即常数自动装入模式。在这种模式下，计数器计满溢出后，计数初值由硬件自动重新装入，而无须软件进行反复装入，确保计数的准确性。

T0 计数器工作在方式 2 时，其内部结构框图如图 4.12 所示。

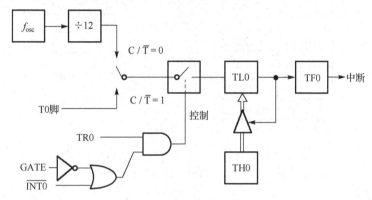

图 4.12　T0 定时器方式 2 结构图

为实现按实验要求对外部脉冲计数，需选择计数器方式，GATE = 0 让运行由 TR0 完全控制，同时在初始化时要对 TH0 赋上每次自动装载的计数初值。

4. 实验电路及连线

计数器实验电路及连线如图 4.13 所示。单脉冲信号发生器提供所需的脉冲计数信号，实验中使用 8 个 LED 发光管指示箱数计数器的数值。

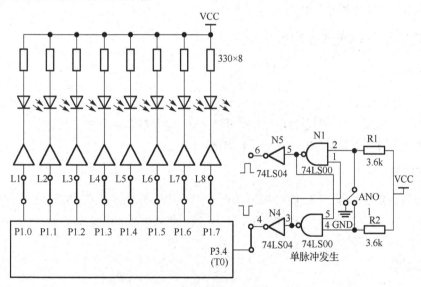

图 4.13　计数器实验电路及接线

5. 参考流程框图

计数器实验程序参考流程框图如图 4.14 所示，按初始化设定，每计满 10 个外部脉冲，T0 将产生溢出中断，在中断服务程序中，对"箱数计数"进行加 1 操作。

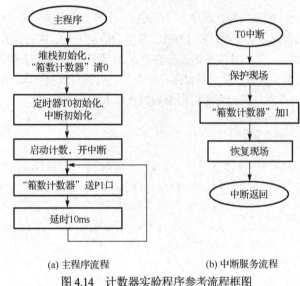

(a) 主程序流程　　　　　　　　(b) 中断服务流程

图 4.14　计数器实验程序参考流程框图

6. 实验步骤

（1）用导线把 T0（P3.4）与单脉冲发生器的"⎍"输出插孔相连。

（2）用导线将 P1.0～P1.7 插孔对应连至发光二极管的 L1～L8 插孔。

（3）执行程序，观察 LED 发光二极管上代表的计数脉冲个数（二进制表示）；拨动 ANO 的开关（上下拨动一次输一个脉冲），观察 LED 发光二极管上计数脉冲个数的变化。

（4）将 P1 口上连接的 LED 发光二极管更换成 BCD 码数字显示器（由 CD4511 驱动 LED 数码管构成），修改程序，将"箱数计数器"加 1 运算改成 BCD 码加法。执行程序，拨动 ANO 开关，观察数字显示器上计数脉冲个数的变化。

4.1.6　串口移位寄存器方式实验

1. 实验目的

（1）掌握 MCS-51 单片机串行口方式 0 的工作原理；

（2）掌握串口方式 0 时，即通过串行口扩展输出口，进行静态显示的方法；

（3）了解串行移位寄存器 74LS164 的工作原理。

2. 实验内容

初始化设置内部定时器 T0 工作在方式 1，即作为 16 位定时器使用。定时时间为 50ms，每 50ms T0 溢出中断一次，计满 20 次为 1s，"秒计数器"加 1。将"秒计数器"内容通过串行口送由 74LS164 构成的 LED 显示电路进行显示。

3. 实验原理

MCS-51 单片机提供一个全双工的串行通信接口，该接口有 4 种工作方式，当工作于方式 1、2 和 3 时，作 UART（通用异步接收和发送器）使用，用以实现单片机系统之间的通信或单片机系统与计算机之间的通信；当工作于方式 0 时，为同步移位寄存器输入/输出方式，常用于扩展 I/O 口，这时串行数据通过 RXD 引脚输入或输出，引脚 TXD 输出同步移位信号。

串行口的工作方式和波特率由控制寄存器 SCON 和 PCON 控制，其波特率发生器由定时器 T1 承担。

（1）SCON 寄存器（98H）

SCON 寄存器的格式如下：

D7	D6	D5	D4	D3	D2	D1	D0
SM0	SM1	SM2	REN	TB8	RB8	TI	RI

SM0、SM1：方式选择位，定义如下。

  00H：方式 0，移位寄存器方式；

  01H：方式 1，8 位异步通信接口（UART），波特率可变，为 T1 溢出率/N；

  10H：方式 2，9 位异步通信接口，波特率为 f_{osc}/N；

  11H：方式 3，9 位异步通信接口，波特率可变，为 T1 溢出率/N。

  SM2：允许方式 2 和 3 的多机通信控制位，在方式 2/3 中，当 SM2=1 时，则接收到的第 9 位数据（RB8）只有为 1 才会激活 RI。

REN：允许串行接收位，由软件置位 REN 以允许接收，由软件清"0"以禁止接收。

TB8：在方式 2/3 中，发送的第 9 位数据，由软件置位或复位。

RB8：在方式 2/3 中，是接收到的第 9 位数据。在方式 1 时，如 SM2=0，RB8 是接收到的停止位；在方式 0 中不使用 RB8。

TI：发送中断标志，由硬件在发送完时置位，必须由软件清"0"。

RI：接收中断标志，由硬件在接收到一个有效字节时置位，必须由软件清"0"。

（2）PCON 寄存器（87H）

PCON 寄存器的格式如下：

D7	D6	D5	D4	D3	D2	D1	D0
SMOD							

SMOD：串行口波特率系数控制位

对方式 1、3：当 SMOD = 0 时，系数 $N = 32$；

     当 SMOD = 1 时，系数 $N = 16$，$N = 32/2^{SMOD}$；

对方式 2：当 SMOD = 0 时，系数 $N = 64$；

    当 SMOD = 1 时，系数 $N = 32$，$N = 64/2^{SMOD}$。

串行口以方式 0 发送时，数据从 RXD 端串行输出，TXD 端输出同步信号，其波特率为 $f_{osc}/12$。方式 0 输出可通过外接 74LS164 串行输入并行输出移位寄存器来进行转换与锁存。

4. 实验电路及接线

74LS164 串并转换电路及连线如图 4.15 所示，电路中配置了两个 LED 显示器，可实现两位十六进制数的显示。

5. 参考流程框图

串口移位寄存器方式实验程序参考流程如图 4.16 所示，为完成显示，还需编写通过串口显示输出的子程序，其参考流程框图如图 4.17 所示。

6. 实验步骤

（1）将静态显示模块（74LS164）板插入实验系统的扩展单元插座上，用导线将静态显示模块板上的 DAT、CLK 插孔分别连至实验箱上的 P3.0、P3.1 插孔。

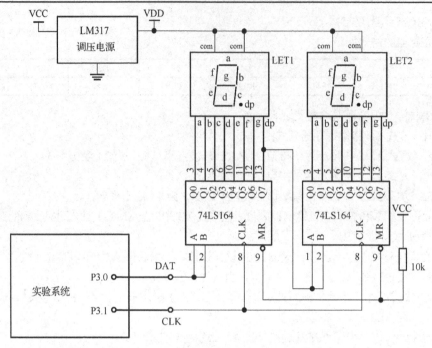

图 4.15　74LS164 串并转换实验电路及连线

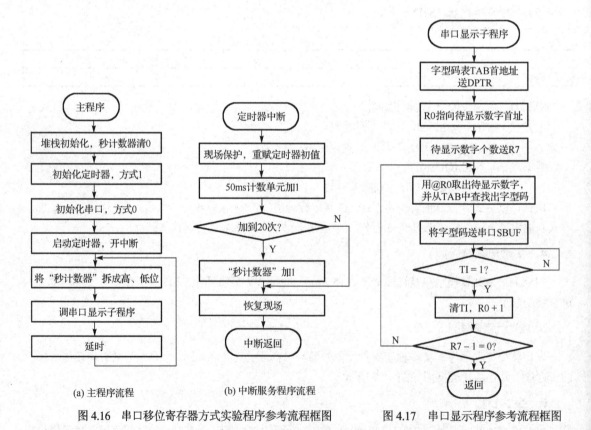

(a) 主程序流程　　　　　　　(b) 中断服务程序流程

图 4.16　串口移位寄存器方式实验程序参考流程框图　　　图 4.17　串口显示程序参考流程框图

（2）编写程序代码，调试并运行程序，观察 LED 数码显示器上数值的变化。

4.1.7　单片机串口双机通信实验

1. 实验目的

（1）掌握单片机串行口 UART 工作方式下的硬件连接方法；
（2）掌握单片机串行口方式 1、3 的程序设计方法；
（3）初步了解串行通信的 RS-232、RS-485 协议内容。

2. 实验内容

利用 MCS-51 单片机的串行口，实现两台实验仪之间的串行通信（RS-232 或 RS-485）。其中一台实验仪为发送方，另一台为接收方。发送方读入键盘的按键值，并发送给接收方，接收方收到数据后在数码管上进行显示。

3. 实验原理

串行口工作在方式 1 时，被定义为 8 位异步通信接口，传送一帧信息为 10 位，其中 1 位起始位，8 位数据位（先低后高），1 位停止位。工作于方式 3 时，则被定义为 9 位异步通信接口，传送一帧信息为 11 位，其中 1 位起始位，8 位数据位，1 位附加的可程控为 1 或 0 的第 9 位，1 位停止位。方式 1、3 的波特率是可变的，它由 T1 的溢出率控制，为 T1 溢出率/N。

发送数据时，数据由 TXD 端输出。CPU 执行一条数据写入发送缓冲器 SBUF 指令 MOV　SBUF，A，便启动串行口发送器发送，方式 3 的第 9 位数据是 SCON 中的 TB8。发送完一帧信息，将置 "1" 发送中断标志 TI。

SCON 中的 REN 被置 "1" 后，接收器开始以所建立的波特率的 16 倍的速率采样 RXD 的电平，检测到 RXD 端有从高到低的负跳变时，启动接收器接收，如果接收到起始位为 "0"，则开始接收本帧其余信息。数据从 RXD 端输入。方式 3 的第 9 位数据被放置在 RB8。接收到一个有效数据后，置 "1" RI 中断标志。

方式 1、3 的波特率和 T1 的溢出率有关，使用 T1 作为波特率发生器时，T1 一般工作在方式 2（8 位常数装载方式）。其溢出率为：

$$溢出率\ n = f_{osc} / (12 \times (256 - Z))$$

式中，Z 为 T1 的计数初值。波特率的计算公式则为：

$$波特率 = 溢出率 / N = 溢出率 \times 2^{SMOD} / 32$$

PCON 的 SMOD = 0 时，$N = 32$；SMOD = 1 时，$N = 16$。

使用 T1 作为波特率发生器时，CPU 的晶振频率建议选为 11.0592MHz，这时常用波特率与 T1 的初值关系如表 4.1 所示。

表 4.1　波特率与定时器初值关系表

波特率	SMOD	工作方式	TH1 初值
1200	0	方式 2	E8H
2400	0	方式 2	F4H
4800	0	方式 2	FAH
9600	0	方式 2	FDH
19200	1	方式 2	FDH

4．实验电路及连线

RS-232 双机通信实验电路及连线如图 4.18 所示。利用一根交叉的 RS-232 通信线将甲机的 RXD(2) 与乙机的 TXD(3) 相连，将乙机的 RXD(2) 与甲机的 TXD(3) 相连，实现数据的相互传送。

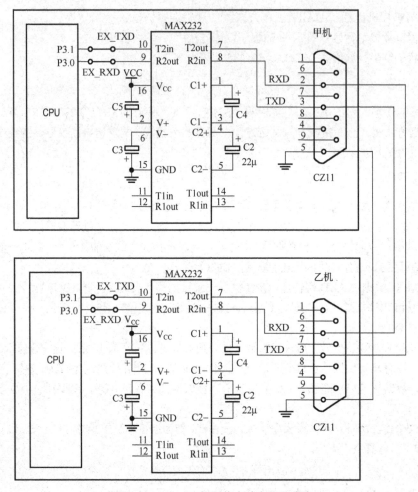

图 4.18　RS-232 双机通信实验电路及连线

5．参考流程框图

双机通信实验参考流程框图如图 4.19 所示。为展示串口通信的效果，需使用键盘和显示模块电路，建议采用实验仪配置的 8255 键盘与显示接口模块，并调用其键盘管理程序和显示子程序。同时根据 LED 显示器的位数设置相应长度的显示缓冲区。

6．实验步骤

（1）把甲、乙机的 EX_RXD、EX_TXD 孔分别连自己的 P3.0、P3.1 孔，用随机器配置的 RS-232 通信电缆将两机的 CZ11 用户通信接口连接起来。

（2）设计程序，分别在甲机、乙机上运行。然后，在甲机键盘上按下 0～F 键，应在乙机上的 8255 键显区数码管上显示相应的数值，反之亦然。

（3）在完成上述实验的基础上，改为采用 RS-485 接口，适当修改程序后重复第（2）步实验。

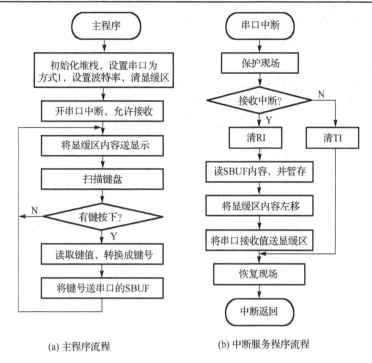

(a) 主程序流程   (b) 中断服务程序流程

图 4.19 双机通信实验程序参考流程框图

4.1.8 单片机与 PC 系统机通信实验

1. 实验目的

（1）进一步掌握串行口工作于 UART 方式时的工作原理和编程方法；

（2）熟悉串行通信的 RS-232 协议内容；

（3）了解计算机串行通信的调试方法。

2. 实验内容

采用 RS-232 接口将实验仪上的单片机与计算机的 COM 口进行连接，编写程序接收由计算机端的串口调试助手发出的 10 个 ASCⅡ字符，接收完成后将其发送回计算机，通过串口调试助手进行显示。

3. 实验原理

RS-232C 标准规定，传输的信号采用负逻辑，即：

      逻辑"1"   –5～–15V

      逻辑"0"   +5～+15V

此外其他主要电气特性如下：

- 带 3～7kΩ 时驱动器的输出电平

      逻辑"0"   +5～+15V

      逻辑"1"   –5～–15V

- 接收器输入阻抗：3～7kΩ

- 接收器输入电压的允许范围：–25～25V

- 输入开路时接收器的输出：逻辑"1"

- 输入经 300Ω 接地时接收器的输出：逻辑"1"
- 数据传输速率：$< 20\text{kbps}$
- 传输距离：$< 15\text{m}$

按 RS-232C 标准，数据传送格式如图 4.20 所示：RS-232C 的数据格式由一位起始位、5～8 位数据位、一个奇偶校验位、一位停止位组成。传输顺序为从最低有效数字位开始。

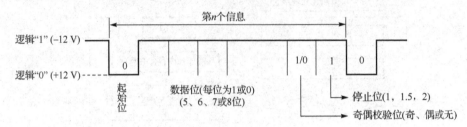

图 4.20　RS-232 数据传送格式

4. 实验电路及连线

单片机与 PC 系统机通信实验的电路及连线如图 4.21 所示。实验仪与计算机之间采用随仪器配置的串口通信线进行连接。

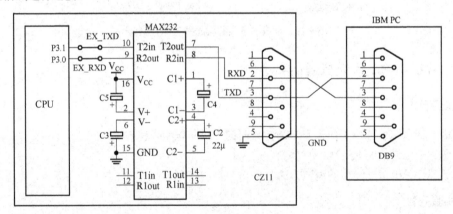

图 4.21　实验仪与计算机之间的 RS-232 连接图

5. 参考流程框图

单片机与 PC 系统机通信实验的参考流程框图如图 4.22 所示。为接收和发送 10 个数据，需建立一个 10 字节的接收缓冲区和 10 字节的发送缓冲区。同时设置两个指针、两个计数器和一个"收满 10 字节"标志，用以管理数据的接收和发送。

6. 实验步骤

（1）把通信电缆一头连接实验仪用户通信口，另一头连接计算机串行通信 COM 口；

（2）编写、调试、运行单片机端程序；

（3）在计算机端启动运行"串口调试助手"，设置好 COM 口、波特率等参数，在发送数据区输入 10 个 ASCⅡ码符号，并按下"手动发送"，观察数据接收区显示的内容。

（4）重复第（2）、（3）步，直到接收区的 ASCⅡ数据与发送区的数据相同。

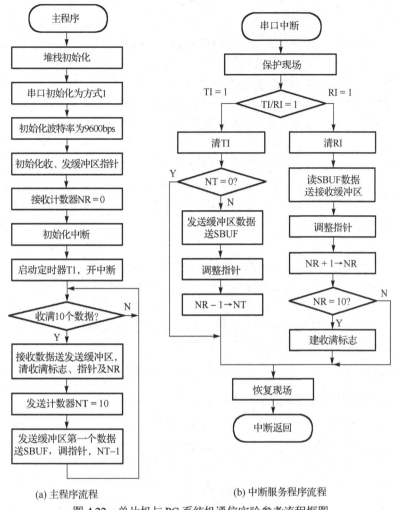

(a) 主程序流程   (b) 中断服务程序流程

图 4.22 单片机与 PC 系统机通信实验参考流程框图

4.2 MCS-51 单片机接口实验

4.2.1 I/O 口扩展实验

1. 实验目的

（1）掌握单片机系统扩展简单 I/O 口的方法；

（2）熟悉 I/O 数据输入/输出程序的编制方法。

2. 实验内容

利用 74LS244 作为输入口接 8 路开关 K1～K8，读取开关状态，并将读得的状态数据通过 74LS273 驱动发光二极管显示出来。具体要求如下：

（1）当 Kn（n=1～8）接高电平时，对应的发光二极管以 2s 的时间间隔闪亮；当 Kn 接低电平时，发光二极管以 5s 的时间间隔闪亮；

（2）采用定时器中断实现定时。

3. 实验原理

MCS-51 单片机本身具有 P0～P3 这 4 个 8 位的 I/O 口，当 CPU 外扩系统总线时，只有 P1 口 8 根 I/O 端口和 P3 口部分端口线可以作 I/O 使用，因此，常出现需要外部扩展 I/O 接口电路的情况。对于扩展简单外设的接口，通常采用 TTL 或 CMOS 锁存器、三态门电路作为 I/O 口扩展芯片，例如，74LS244（三态缓冲器）作扩展输入，74LS273（锁存器）作扩展输出等。

在进行 I/O 端口或存储器芯片扩展时，地址选通信号的产生有两种常用的方法。

（1）片选译码法

片选译码法就是使用译码器，如 74LS138、74LS139 等，对系统地址总线的高位地址进行译码，以其译码器输出作为 I/O 端口扩展或存储器芯片的片选信号。这是一种常用的存储器或 I/O 端口的编址方法，能较有效地利用存储空间。此外，由于 I/O 端口扩展时，I/O 端口的地址范围一般较小，在地址资源紧张的情况下，也常用 GAL、PAL 芯片进行译码。

（2）线选法

线选法就是直接利用系统地址总线的高位地址，如 A15、A14 等，作为 I/O 端口扩展芯片或存储器芯片的片选信号。为此只需把用到的地址线与 I/O 扩展或存储器芯片的片选端直接相连。这种办法线路简单，无须额外芯片。但各选通信号的地址范围断续，存储空间利用率低，较适合简单系统的扩展。

此外，针对 74LS244、74LS273 这类芯片的扩展，片选信号需与 $\overline{RD}$、$\overline{WR}$ 信号进行"或"处理后才能接至芯片的选通端。以此控制对芯片的"读"或"写"。

4. 实验电路及连线

I/O 口扩展实验的电路及连线如图 4.23 所示。

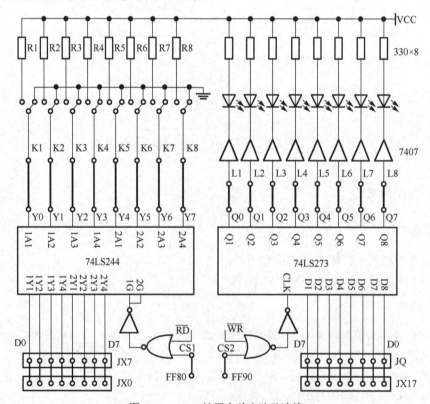

图 4.23　I/O 口扩展实验电路及连线

5. 参考流程框图

I/O 口扩展实验的程序参考流程框图如图 4.24 所示。

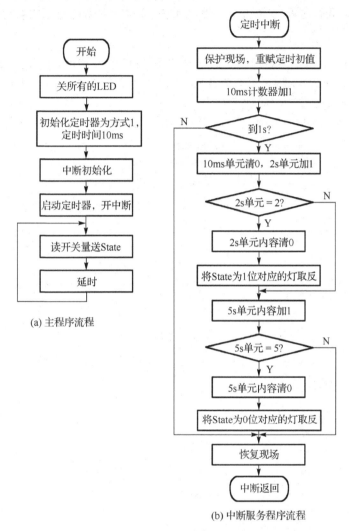

(a) 主程序流程

(b) 中断服务程序流程

图 4.24 I/O 口扩展实验程序参考流程框图

6. 实验步骤及连线

（1）Y0～Y7 接 K1～K8，Q0～Q7 接 L1～L8，CS1 接 FF80H，CS2 接 FF90H，JX0 接 JX7，JQ 接 JX17。

（2）编写、调试并执行程序，改变 K1～K8 的状态，观察并记录 LED 发光二极管的闪亮情况。

4.2.2 8255 端口输出实验

1. 实验目的

（1）掌握可编程 I/O 接口芯片 8255 的接口原理及使用；

（2）熟悉对 8255 方式 0 初始化编程及输出程序的设计方法。

2．实验内容

在 8255 的 PA 口接 8 路 LED 发光管，通过编程，以 0.5s 的时间间隔使一个发光二极管按从左到右的顺序循环熄灭，同时在 PB 口输出 50Hz 的方波信号。方波信号通过示波器进行观察。

3．实验原理

可编程通用并行接口芯片 8255 具有三个 8 位的并行 I/O 口，分别为 PA 口、PB 口、PC 口，其中 PC 口又分为高 4 位口 PC7～PC4 和低 4 位口 PC3～PC0，它们的工作方式由"方式选择控制字"决定，都可通过软件编程来改变端口工作方式。

方式选择控制字的格式如图 4.25 所示，其中端口 A 有方式 0、1、2 三种工作方式，端口 B 有方式 0、1 两种工作方式。而端口 C 的工作方式则取决于端口 A、B 的工作方式。

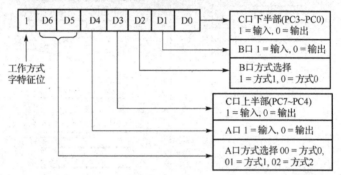

图 4.25　8255 方式选择控制字格式

当 PA 口、PB 口、PC 口都工作在输出方式时，其方式选择控制字为 80H。

4．实验电路及连线

8255 端口输出实验的电路及连线如图 4.26 所示。

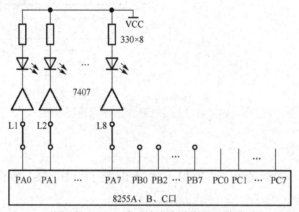

图 4.26　8255 端口输出实验电路及连线

5．参考流程框图

8255 端口输出实验的程序参考流程框图如图 4.27 所示，程序中定义了 10ms 计数、Outa、Outb 三个字节变量单元。

6．实验步骤

（1）用导线将 8255 实验模块中的 PA0～PA7 连至 L1～L8。

（2）编写、调试并执行程序，观察并记录 LED 发光二极管亮灭的变化情况。

（3）用示波器观察并记录 PB 口输出信号的情况。

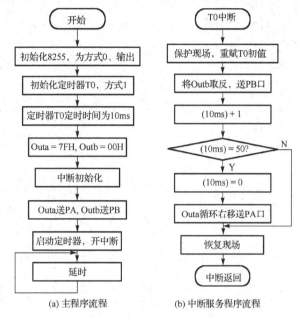

(a) 主程序流程　　　　(b) 中断服务程序流程

图 4.27　8255 端口输出实验程序参考流程框图

4.2.3　8255 端口输入实验

1. 实验目的

（1）进一步掌握可编程 I/O 接口芯片 8255 的接口原理及使用；

（2）熟悉对 8255 输入/输出程序的设计方法。

2. 实验内容

用 8 路开关量输入模拟两片 4 位的 BCD 码拨盘开关从 8255 PA 口输入两位十进制数，PB 口作输出口控制 8 路 LED 的亮灭。通过编程，以一定的时间间隔使一个发光二极管按从左到右的顺序循环点亮，而时间间隔则通过 PA 口的拨盘输入，输入范围为 0.1～9.9s。

提高要求：当拨盘输入超出范围时，8 路 LED 同时以 0.5s 的间隔一亮一灭闪动。

3. 实验原理

数字拨码盘输出有 BCD 编码的 4 线输出和单片十进制数 10 线输出两种方式，在单片机系统中较常用的是 BCD 拨码盘。BCD 拨码盘，是十进制数输入，BCD 码输出，它有 0～9 共 10 个位置，每个位置有相应的数字显示，代表一位十进制数的输入。其结构和等效电路如图 4.28 所示。

8255 的方式选择控制字格式如图 4.25 所示，当 PA 口作输入、PB 口作输出时，其方式选择控制字为 90H。

4. 实验电路及连线

8255 端口输入实验的电路接线如图 4.29 所示。

5. 参考流程框图

8255 端口输入实验的参考流程框图如图 4.30 所示。

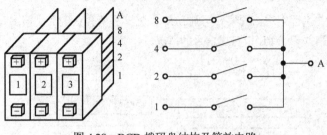

图 4.28　BCD 拨码盘结构及等效电路

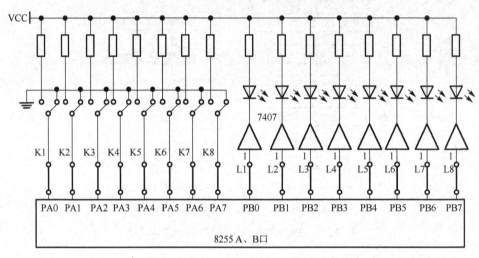

图 4.29　8255 端口输入实验电路连线图

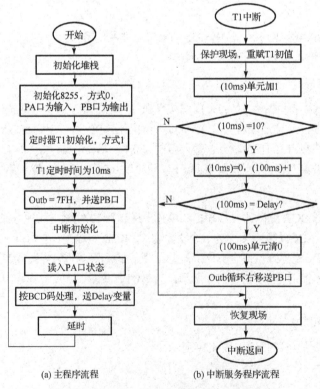

(a) 主程序流程　　　　　　　(b) 中断服务程序流程

图 4.30　8255 端口输入实验程序参考流程框图

6．实验步骤

（1）用导线将 8255 实验模块中 PB0～PB7 连至 L1～L8，PA0～PA7 连至 K1～K8。

（2）编写、调试并运行程序，拨动 K1～K8 开关，观察并记录 L1～L8 发光二极管点亮变化的情况。

4.2.4　8255 数码显示控制实验

1．实验目的

（1）了解 LED 数码显示器动态扫描显示控制的原理；

（2）掌握 8255 用于控制 LED 动态扫描显示的方法及程序设计。

2．实验内容

利用实验仪提供的 8255 显示接口电路，设计一电子秒表。首先，在内存中定义一个 3 字节的 0.1s 计数单元；通过 T0 定时器中断每 0.1s 对计数单元进行压缩 BCD 码加 1 计数。然后在 6 个数码管上分别显示 6 位十进制的秒表计时值。

3．实验原理

6 位共阴极 LED 数码显示器与 8255 构成动态显示的接口原理图如图 4.31 所示，8255 的 PA 口作为扫描口，经驱动器 75451 后接 LED 数码显示器的公共极，PB 口作为段数据口，经驱动器 74LS240 后接所有 LED 数码显示器的 8 个段控制端。同时将"JK"开关接地，使与 8255 的 PA、PB 连接的 74LS245 的 OE 为低电平，PA、PB 的输出经 74LS245 驱动后扫描控制 LED 的显示。

显示时，首先使 PA5 为低电平，而 PA0～PA4 为高电平，经 75451 驱动后，仅第一位显示器的公共阴极为低电平，被选通，同时 PB 口输出第一个显示数据的段码，这时第一位 LED 数码显示器将显示出第一位显示数据，持续 1ms 左右后，使 PA5 为高电平，关闭第一个 LED 数码显示器，随后使 PA4 为低电平，选通第二位 LED 数码显示器，并由 PB 口输出第二位显示数据，并延时 1ms 左右，依次选通第 3，第 4，…，第 6 位即完成一次循环显示，如果连续地循环显示，便可在 LED 数码显示器上稳定地显示所需显示的内容。

在编程时，一般会在内存中定义一个 6 字节的显示缓冲区，每个单元对应硬件上的一位 LED 数码显示器。在显示缓冲区内存放的是要显示的数值，如：1，2，3，…等十六进制数，而送至 LED 数码显示器段控制端的数据需根据硬件接线及所需显示的字符来进行编码。将所有需显示的字符进行转换后形成一个字型表，编程时，通过查表的办法将从显示缓冲区读得的数字转换成控制 LED 段控制端的段控码，然后再输出控制，便可得到需显示的数字及字符符号。

4．实验电路

8255 构成的动态显示接口原理电路如图 4.31 所示，注意，JK 接地后，JLED 和 JS 插座不能接任何其他信号。而本实验使用的是系统配置的 8255，其片选端口地址为 FF20H。

5．参考流程框图

8255 数码显示控制实验的参考流程框图如图 4.32、图 4.33 所示。编程时需定义一个 3 字节的计数单元，中断程序中每 0.1s 要对其进行压缩 BCD 码的加 1 计算。此外，还需定义 20ms 计数单元和 6 字节的显示缓冲单元。显示子程序的具体代码可参考第 3 章 3.3.4 节内实验参考程序中的 Disp55 子程序部分。

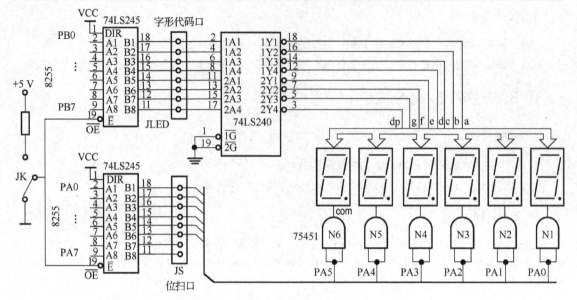

图 4.31　8255 构成的动态显示接口原理电路

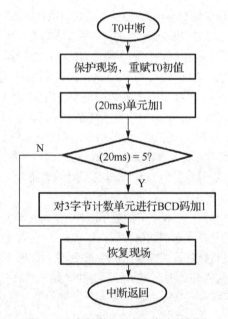

图 4.32　中断服务程序参考流程框图

6．实验步骤

本实验采用系统的显示接口模块电路，无须外部连线，但需将 JK 开关拨至"系统"，使与 PA、PB 相连的 74LS245 能直接输出。具体可按以下步骤进行：

（1）先不编写中断部分的程序，通过预设计数器内容，实现相应的数码显示；

（2）增加中断部分程序，使计数器内容在中断控制下发生变化，观察 6 个 LED 数码显示器上显示的内容。

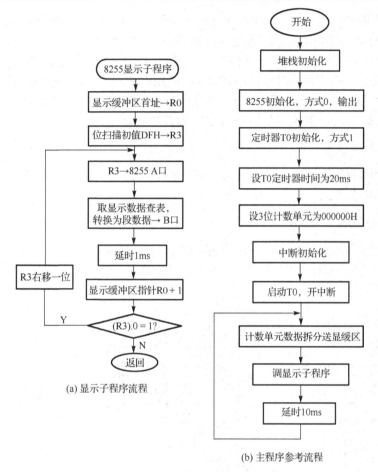

(a) 显示子程序流程

(b) 主程序参考流程

图 4.33 8255 数码显示控制实验程序参考流程框图

4.2.5 模数转换实验

1. 实验目的

（1）了解 A/D 芯片 ADC0809 转换原理及性能指标；

（2）掌握 ADC0809 与单片机的接口方法及程序设计。

2. 实验内容

利用综合实验仪上的 ADC0809 模块构成 A/D 转换接口线路，综合实验仪上的电位器提供模拟量输入，编制程序，将 0～5V 模拟电压转换成数字量，并通过 P1 口控制 8 位 LED 发光管将转换得到的8 位数字量显示出来。

提高要求：① 采用中断方式进行定时采样，每次中断连续采样 10 次，然后进行中值平均滤波，将滤波值作为采样输出；② 将采样值以十进制码形式送系统的 8255 显示电路进行显示。

3. 实验原理

A/D 转换器的功能是将输入的模拟电压转换成数字信号，如电压、电流、温度等物理量的数字化测量都需要进行 A/D 转换。

本实验中采用的转换器为 ADC0809，它是一个 8 位逐次逼近型 A/D 转换器，可以对 8 路模拟电压进行转换，转换时间约为 100μs。其工作过程如下：首先由地址锁存信号 ALE 的上升沿将引脚 ADDA、ADDB 和 ADDC 上的信号锁存到地址寄存器内，用以选择模拟量输入通道；START 信号的下降沿启动 A/D 转换器开始工作；当转换结束时，ADC0809 使 EOC 引脚由低电平变成高电平，程序可以通过查询的方式读取转换结果，也可以通过中断方式读取结果，另外，还可通过在启动转换后延时约 120μs 直接读取转换结果。为驱动转换，在 CLOCK 输入端需提供时钟信号，推荐值为 640kHz。

4．实验电路

ADC0809 模数转换的原理电路如图 4.34 所示，输入的模拟信号由电位器产生，转换时钟由 8MHz 时钟经 74LS393 分频产生。

5．参考流程框图

ADC0809 模数转换实验基本要求的参考流程框图如图 4.35 所示，这里采用的是延时读取方式。8255 显示子程序的具体程序代码可参考第 3 章 3.3.4 节数码显示器流水显示实验示例内实验参考程序中的 Disp55 子程序部分。

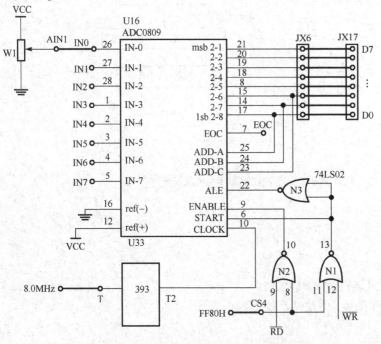

图 4.34　模数转换实验电路连线图

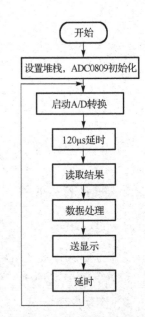

图 4.35　A/D 转换实验程序
参考流程框图

6．实验步骤

（1）把 ADC0809 的 0 通道 IN0 孔用导线接至模拟电压产生的 AOUT1 孔，AD0809 电路中的 CS4 接 FF80H，JX6 接 JX17（使 AD0809 的 D0～D7 与 CPU 的数据总线相连）；8MHz 接 T，P1.0～P1.7 分别接 LED 发光管的驱动输入 L1～L8。

（2）编写程序，调试并运行程序，调节 AOUT1 电位器，观察从发光二极管 L1～L8 显示的 A/D 转换结果数据（二进制数）是否随 AOUT1 的变化而变化。

（3）按提高要求修改程序，重复第（2）步实验。

4.2.6　数模转换实验

1．实验目的

（1）了解 D/A 转换芯片 DAC0832 的原理及性能指标；
（2）掌握 DAC0832 与单片机的接口方法及程序设计。

2．实验内容

利用 DAC0832 输出一个三角波模拟电压信号，即 D/A 转换电路的输出电压循环从 0V 开始逐渐升至 5V，然后再从 5V 逐渐降至 0V。

提高要求：采用定时器定时中断方式进行输出，使三角波电压信号的输出频率为 2Hz。

3．实验原理

D/A 转换器的功能是将输入的数字量转换成模拟量输出，在模拟控制、语音合成等方面得到了广泛的应用。

本实验中采用的转换器为 DAC0832，该芯片为电流输出型 8 位 D/A 转换器，输入设有两级缓冲锁存器，因此可用其同时输出多路模拟量。实验中采用单级缓冲连接方式，用 DAC0832 来产生三角波，具体线路如图 4.36 所示。V_{REF} 引脚的电压极性和大小决定了输出电压的极性与幅度，综合实验仪上 DAC0832 的 V_{REF} 引脚电压已接为–5V，所以输出电压值的幅度为 0～5V。

4．实验电路

数模转换实验的电路原理如图 4.36 所示，–5V 基准电压由一个 5.1V 的稳压管和电位器产生。

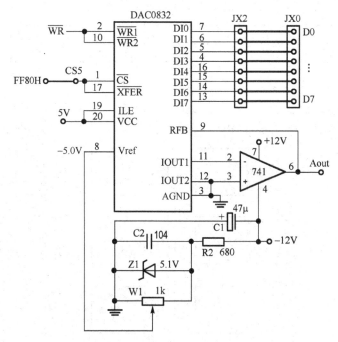

图 4.36　数模转换实验电路连线图

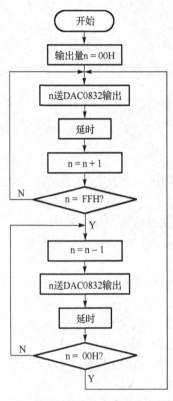

图4.37　数模转换实验程序参考流程框图

5．参考流程框图

DAC0832 数模转换实验基本要求的参考流程框图如图 4.37 所示。

6．实验步骤

（1）把 DAC0832 的片选输入线 CS5 接至 FF80H，JX0 接 JX2。

（2）编写、调试并运行程序，调整好延时时间，用万用表测量 D/A 输出端 Aout，观察输出端电压值的变化情况。或用示波器探头接 D/A 输出孔 Aout，观察输出波形。

（3）按定时器定时中断方式改写程序，重复第（2）步实验。

4.2.7　可编程计数/定时器 8253 实验

1．实验目的

（1）了解 8253 计数定时器的工作原理及工作方式；
（2）掌握单片机与 8253 硬件接口设计和程序设计的方法。

2．实验内容

利用 8253 的定时、计数功能，通过对 8253 初始化，使得计数器 0 工作于方式 3，产生 1.0kHz 频率的方波。

提高要求：按照表 4.2 所示的频率循环输出 8 个音符的方波频率，并送扬声器模块输出。每个音符持续 500ms。

表 4.2　音调/频率关系表

音调	1	2	3	4	5	6	7	8
频率（Hz）	264	297	330	352	296	440	495	528

3．实验原理

8253 的内部结构如图 4.38 所示，有三个独立的 16 位减法计数器通道，每个计数器都可按二进制或十进制计数，计数脉冲频率可达 2.0MHz。每个通道有 6 种工作方式，可由程序设置和改变。

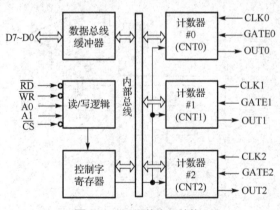

图 4.38　8253 的内部结构

8253 的控制字格式如下所示：

D7	D6	D5	D4	D3	D2	D1	D0
SC1	SC0	RL1	RL0	M2	M1	M0	BCD

控制字中各位的作用如下：

D7,D6：SC1、SC2 选择计数器

　　　　00　选计数器 0

　　　　01　计数器 1

　　　　10　计数器 2

　　　　11　非法

D5,D4：RL1、RL0 操作类型

　　　　00　对计数器进行闩锁操作

　　　　01　只读/写高位字节

　　　　10　只读/写低位字节

　　　　11　先读/写低位字节，后读/写高位字节

D3～D1：M2、M1、M1 操作方式

　　　　000　方式 0

　　　　001　方式 1

　　　　X10　方式 2

　　　　X11　方式 3

　　　　100　方式 4

　　　　101　方式 5

D0：BCD 计数方式

　　　　0　二进制计数

　　　　1　十进制计数

8253 的 6 种工作方式分别如下。

（1）方式 0：计数结束产生中断方式

GATE 需为高电平，方式控制字写入后，OUT 为低，计数初值第一字节写入时，中止计数，第二字节写入时，开始新的计数，计数器减为 0 时，OUT 为高，可向 CPU 发中断请求，直至写入新的控制字或初值止。

（2）方式 1：可重复触发的单稳态触发器方式

方式控制字和计数初值写入后，OUT=1，正脉冲的 GATE 信号来后，OUT=0，计数器开始计数，计数器减为 0 时，OUT 又为 1，所以 OUT 为一负脉冲，其宽度与计数初值相对应。

（3）方式 2：分频器方式

在写入方式字与初值且 GATE=1 后，计数器开始计数，每当计数器减到 1 时，OUT 端将输出一个负脉冲，负脉冲的周期等于写入计数器的计数值与时钟周期的乘积。

（4）方式 3：方波发生器方式

与方式 2 的工作类似，GATE 需为高电平，但输出为方波信号。若计数初值 N 为偶数，则在前 $N/2$ 计数期间，OUT=1，其后 OUT=0。若计数初值 N 为奇数，则在前 $(N+1)/2$ 计数期间，OUT=1，其后 OUT=0。

（5）方式 4：软件触发的选通信号发生器方式

当 GATE=1 时，在写入方式字和初值后，开始计数，减到 0 时，输出一个时钟周期的负脉冲。

（6）方式 5：硬件触发的选通信号发生器方式

写入方式字和初值后，在 GATE 正脉冲触发下开始计数，当计数器减到 0 时，输出一个时钟周期的负脉冲。

另外，8253 中，三个计数器和控制字寄存器的地址由芯片引脚 A0、A1 决定,具体如表 4.3 所示。

表 4.3 8253 端口地址

A1	A0	端　口
0	0	计数器 0
0	1	计数器 1
1	0	计数器 2
1	1	控制字寄存器

4. 实验电路

可编程计数/定时器 8253 实验线路如图 4.39 所示，在进行提高要求实验时，需将 8253 的 OUT0 与扬声器驱动模块的 V_{IN} 相连。

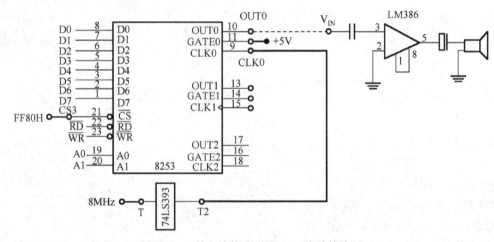

图 4.39　可编程计数/定时器 8253 实验接线图

5. 参考流程框图

8253 音调输出实验的程序参考流程框图如图 4.40 所示。

6. 实验步骤

（1）用导线把 8MHz 孔和 T 孔相连，CLK0 孔和 T2 孔相连，GATE0 孔和 5V 孔相连，CS3 孔和 FF80H 孔相连。

（2）输入实验的基本程序，进行调试，检查程序运行结果是否正确，用示波器检查 8253 中计数器 0 的 OUT0 输出端波形。

（3）将 8253 的 OUT0 与扬声器驱动模块的 V_{IN} 相连，按参考流程编写程序，并进行调试，使扬声器发出设计的音调，调整音调持续时间，观察发音的变化。

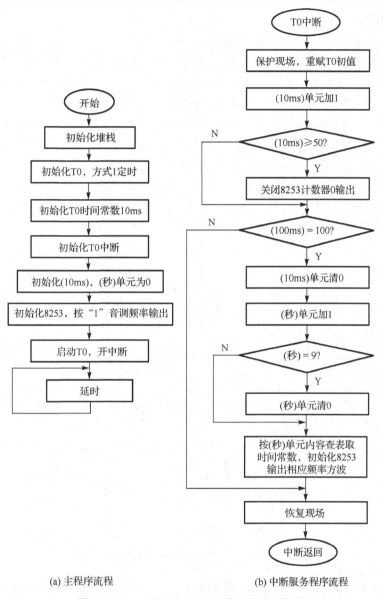

(a) 主程序流程   (b) 中断服务程序流程

图 4.40 8253 音调输出实验程序参考流程框图

4.2.8 8279 键盘、显示接口实验

1. 实验目的

（1）了解 8279 键盘、显示接口芯片的工作原理及接口方法；
（2）掌握 MCS-51 单片机与 8279 的接口及编程技术。

2. 实验内容

用 8279 构成一键盘、显示管理电路，编写程序实现以下功能：
（1）按下 0～9 数字键时，数码管上显示相应的数字；
（2）按下 A～E 功能键时，对应启动将 0～4 字符循环显示程序，按下 F 键时，结束循环。

3. 实验原理

单片机系统中控制 LED 数码显示有两种方式，即静态显示和动态显示。静态显示方式的优点是显示效果好，编程简单，但由于输出的每位都需要锁存，使用的硬件较多；动态显示方式中，各位 LED 数码管的 a～g，dp 端并连在一起，每一时刻只有一位数码管被点亮，各位依次轮流被点亮，硬件电路相对简单，但由于需要进行显示刷新，程序相对复杂。

为了解决动态显示中存在的问题，Intel 公司研制出了专用的键盘显示器接口管理芯片 8279。Intel 8279 是一种通用可编程键盘、显示器接口芯片，除完成 LED 显示控制外，还可完成矩阵键盘的输入控制。键盘输入部分提供一种扫描工作方式，最多可与 64 个按键的矩阵键盘连接，能对键盘不断扫描，自动消抖，自动识别出按下的键并给出编码，能对双键或 n 键同时按下实行保护。

Intel 8279 内部主要由 I/O 控制和数据缓冲器、时序控制逻辑、扫描计数器、键输入控制、FIFO RAM 和显示 RAM 及显示地址寄存器等部分组成。其内部组成结构如图 4.41 所示。

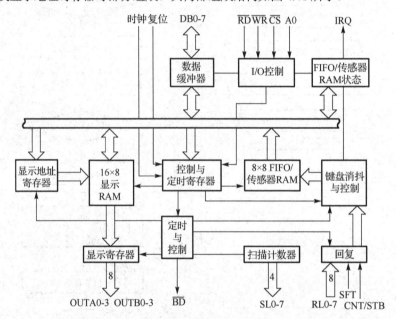

图 4.41　8279 内部组成结构框图

从图 4.41 可见，8279 具有一地址输入引脚 A0，当 A0 = 1 时，控制命令、状态信息的读/写，而 A0 = 0 时，控制数据信息的读/写。8279 的键盘、显示控制是通过其控制命令来实现的，主要的控制命令如下。

（1）键盘显示器方式设置命令

方式设置命令格式如下：

D7	D6	D5	D4	D3	D2	D1	D0
0	0	0	D	D	K	K	K
标志			显示方式		键盘扫描模式		

其中 DD、KKK 的含义如下：

D4，D3：

  00： 8×8 字符显示左边输入

  01： 16×8 字符显示左边输入

10:      8×8   字符显示右边输入

11:      16×8   字符显示右边输入

D2、D1、D0：

000：   编码扫描键盘，双键封锁

001：   译码扫描键盘，双键封锁

010：   编码扫描键盘，N 键巡回

011：   译码扫描键盘，N 键巡回

100：   编码扫描传感器矩阵

101：   译码扫描传感器矩阵

110：   选通输入，编码扫描显示器

111：   选通输入，译码扫描显示器

（2）时钟编程命令

时钟编程命令格式如下：

D7	D6	D5	D4	D3	D2	D1	D0
0	0	1	P	P	P	P	P
标志			分频系数				

将外时钟 CLK 进行分频，以取得 100kHz 的内时钟信号。

（3）读 FIFO/传感器 RAM 命令

读 FIFO/传感器 RAM 命令格式如下：

D7	D6	D5	D4	D3	D2	D1	D0
0	1	0	AI	*	A	A	A
标志			（注）	/	起始地址		

注：命令格式中，AI 为自动增量标志。

在传感器矩阵扫描方式中，AI=1，每次读出后地址自动加 1；AI=0，仅读一个单元。在键扫描方式中，AI 与 AAA 被忽略，按先进先出的规律读出。

在 CPU 读 FIFO RAM 数据之前必须先写此命令。

（4）写显示数据命令

写显示数据命令格式如下：

D7	D6	D5	D4	D3	D2	D1	D0
1	0	0	AI	A	A	A	A
标志			（注）	起始地址			

注：命令格式中，AI 为自动增量标志。

在 CPU 往显示 RAM 写显示数据之前，必须先写此命令。

（5）清除命令

清除命令格式如下：

D7	D6	D5	D4	D3	D2	D1	D0
1	1	0	CD	CD	CD	CF	CA
标志			清显示 RAM 方式			清 FIFO 标志	总清标志

CF 位：清 FIFO 状态标志，复位中断线 IRQ。

CA 位：对芯片总清除，清除显示 RAM 需约 160μs 时间，清除 RAM 的方式由 D4、D3、D2 决定，具体如下：

D4	D3	D2	清除方式
1	X	X	将显示 RAM 全部清为 00H
1	1	0	将显示 RAM 全部清为 20H
1	1	1	将显示 RAM 全部清为 FFH
0	X	X	不清显示 RAM

（6）FIFO/传感器 RAM 中数据格式

在键盘扫描方式下，FIFO/传感器 RAM 数据格式如下：

D7	D6	D5	D4	D3	D2	D1	D0
CNTL	SHIFT	扫描计数器值			回送值 RL0～RL7		

（7）FIFO 状态字

在键盘和选通方式下，FIFO 状态用来指出 FIFO 中的字符数、出错信息及能否对显示 RAM 进行写入操作。

D7	D6	D5	D4	D3	D2	D1	D0
DU	S/E	O	U	F	N	N	N
写显示无效	传感器闭合/多键闭合错	溢出错	空读错	FIFO 满	FIFO 中字符数		

DU：表示 8279 正在复位或消除中，写入数据无效。

8279 可同时管理 16 个 LED 数码显示器和 64 个矩阵式键盘，它与单片机的常用连接方式如图 4.42 所示：

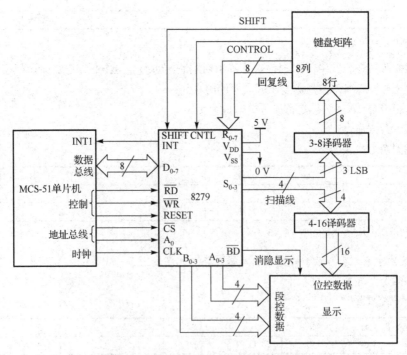

图 4.42　8279 与 MCS-51 单片机的连接图

4. 实验电路

8279 键盘、显示接口实验的接线如图 4.43 所示。模块中的 JSL、JRL、JOUT 插座分别连至"键盘、显示"模块中的 JS、JR、JLED 插座，键盘、显示模块的详细电路如图 2.6 所示。利用系统的键盘和 LED 显示模块一起构成完整的 8279 键盘、显示电路。

8279 与系统的键盘和 LED 显示模块连接后，其键盘的键号与键值关系如表 4.4 所示。

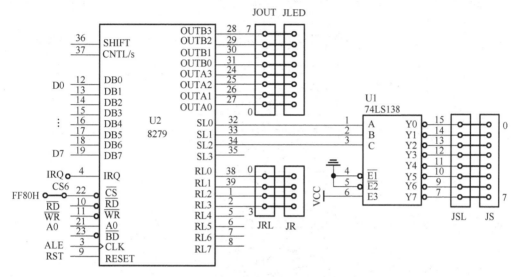

图 4.43　8279 键盘、显示接口实验的接线图

表 4.4　键盘键号、键值关系表

7/ C0H	8/ D0H	9/ E0H	A/ F0H	TV/ME C2H	EX/FV F2H
4/ C8H	5/ D8H	6/ E8H	B/ F8H	RG/FS CAH	SCAL FAH
1/ C1H	2/ D1H	3/ E1H	C/ F1H	F1/LS C3H	STEP F3H
0/ C9H	F/ D9H	E/ E9H	D/ F9H	F2/NX CBH	MOV/ FBH

注：表中的"/"上方的字符为键号，"/"下方的字符为键值。

8279 LED 显示控制的字形表如表 4.5 所示。

表 4.5　8279 LED 显示字形表

显示字符	字　　型	显示字符	字　　型	显示字符	字　　型
0	0CH	8	08H	P	C8H
1	9FH	9	09H	（空）	FFH
2	4AH	A	88H	—	04H
3	0BH	B	38H		
4	99H	C	6CH		
5	29H	D	1AH		
6	28H	E	68H		
7	8FH	F	E8H		

5. 参考流程框图

8279 键盘、显示接口实验的参考流程框图如图 4.44 所示。8279 初始化子程序、显示子程序和中断服务程序流程如图 4.45 所示。8279 初始化、显示子程序和键盘扫描管理子程序的详细程序代码可参考附录 B。

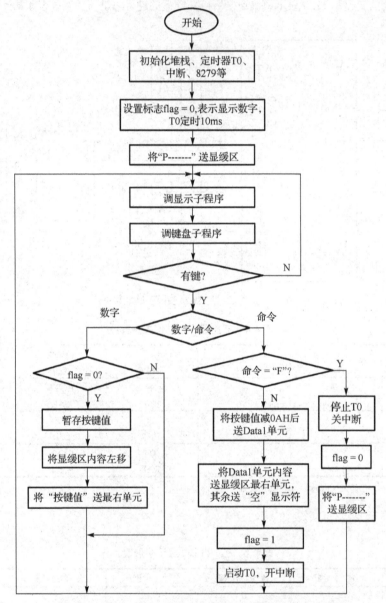

图 4.44　8279 键盘、显示接口实验主程序参考流程框图

6. 实验步骤

（1）用导线将"8279 实验"模块中 CS6 连至 FF80H；用排线将"8279 实验"模块中 JSL、JRL、JOUT 分别连至"键盘显示接口"模块中的 JS、JR、JLED；"键盘显示接口"模块中的开关 JK 置"外接"方向。

（2）运行程序，数码管上显示 P，按下数字键，观察数码管显示的数字，按下功能键，观察运行结果和数码管显示的状态。

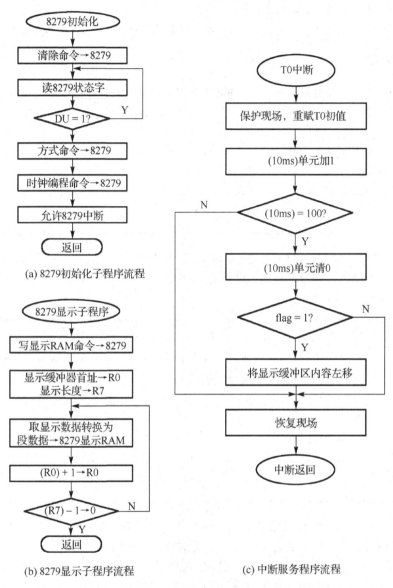

(a) 8279初始化子程序流程

(b) 8279显示子程序流程

(c) 中断服务程序流程

图 4.45　8279 子程序参考流程框图

4.2.9　HD7279 键盘、显示接口实验

1. 实验目的

（1）了解 HD7279 键盘、显示接口芯片的工作原理及编程方法；

（2）掌握 HD7279 键盘、显示接口芯片的电路接口及软件设计。

2．实验内容

用 HD7279 构成一键盘、显示接口电路，编写程序实现以下功能：

（1）按下 0～9 数字键时，数码管上显示相应的数字；

（2）按下 A～E 功能键时，对应启动将 0～4 字符循环显示程序，按下 F 键时，结束循环。

3．实验原理

HD7279 是一片具有串行接口的，可同时驱动 8 位共阴式数码管（或 64 只独立 LED）的智能显示驱动芯片，该芯片同时还可连接多达 64 键的键盘矩阵，单个芯片即可完成 LED 显示、键盘接口的全部功能。

HD7279 常用的控制指令主要如下。

（1）复位（清除）指令 A4H

D7	D6	D5	D4	D3	D2	D1	D0
1	0	1	0	0	1	0	0

当 HD7279 收到该指令后，将所有的显示清除，所有设置的字符消隐、闪烁等属性也被一起清除。执行该指令后，芯片所处的状态与系统上电后所处的状态一样。

（2）不译码方式下载数据

D7	D6	D5	D4	D3	D2	D1	D0	D7	D6	D5	D4	D3	D2	D1	D0
1	0	0	1	0	a2	a1	a0	DP	A	B	C	D	E	F	G

其中，a2、a1、a0 为位地址，A～G 和 DP 为显示数据，分别对应七段 LED 数码管的各段控制端。当相应的数据位为"1"时，该段点亮，否则不亮。此指令灵活，通过设计好字形表，可以显示用户所需的字符。

（3）读键盘数据指令 15H

D7	D6	D5	D4	D3	D2	D1	D0	D7	D6	D5	D4	D3	D2	D1	D0
0	0	0	1	0	1	0	1	d7	d6	d5	d4	d3	d2	d1	d0

该指令从 HD7279 读出当前的按键代码。前一字节 15H 为指令代码，而后一字节 d0～d7 则是 HD7279 返回的按键代码，其范围是 00H～3FH（无键按下时为 FFH）。

当 HD7279 检测到有效的按键时，KEY 引脚从高电平变为低电平，并一直保持到按键结束。在此期间，如果 HD7279 接收到读键盘数据指令，则输出当前按键的键盘代码；如果在收到读键盘指令时没有有效按键数据，将输出 FFH。

由于 HD7279 与单片机之间是采用串行方式进行数据交换的，当 CPU 向其发送命令时，需按一定的时序进行。典型的串行接口时序如图 4.46 所示。

4．实验电路

HD7279 键盘显示电路原理图见第 2 章图 2.33 所示的 HD7279 键盘显示电路，实验电路接线如图 4.47 所示。

HD7279 键盘的键号与键值关系如表 4.6 所示。

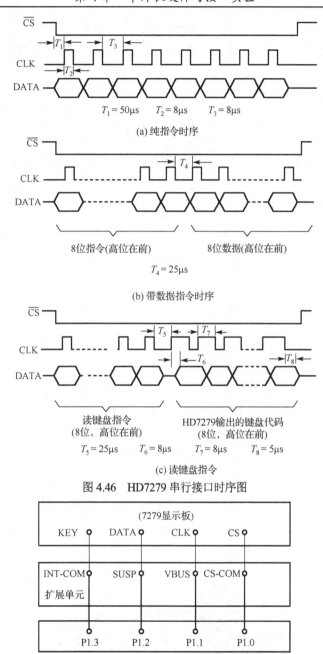

$T_1 = 50\mu s$ $T_2 = 8\mu s$ $T_3 = 8\mu s$

(a) 纯指令时序

8位指令(高位在前)   8位数据(高位在前)

$T_4 = 25\mu s$

(b) 带数据指令时序

读键盘指令
(8位，高位在前)

HD7279输出的键盘代码
(8位，高位在前)

$T_5 = 25\mu s$ $T_6 = 8\mu s$ $T_7 = 8\mu s$ $T_8 = 5\mu s$

(c) 读键盘指令

图 4.46 HD7279 串行接口时序图

图 4.47 HD7279 键盘显示实验电路接线图

表 4.6 键盘键号与键值关系表

7/1BH	8/13H	9/0BH	A/03H
4/1AH	5/12H	6/0AH	B/02H
1/19H	2/11H	3/09H	C/01H
0/18H	F/10H	E/08H	D/00H

其表中的"/"上方的字符为键号，"/"下方的字符为键值。

HD7279 LED 数码显示控制的字型表如表 4.7 所示。

表 4.7　HD7279 LED 显示字型表

显 示 字 符	字 型	显 示 字 符	字 型	显 示 字 符	字 型
0	7EH	8	7FH	P	67H
1	30H	9	7BH	（空）	00H
2	6DH	A	77H	-	01H
3	79H	B	1FH		
4	33H	C	4EH		
5	5BH	D	3DH		
6	5FH	E	4FH		
7	70H	F	47H		

5. 参考流程框图

　　HD7279 实验的程序参考流程框图可参考图 4.44 所示的 8279 实验的参考流程框图，但其中的 7279 初始化、LED 扫描显示和读键值子程序需按 HD7279 的时序进行编写，具体可参考图 4.48 所示的参考流程框图。

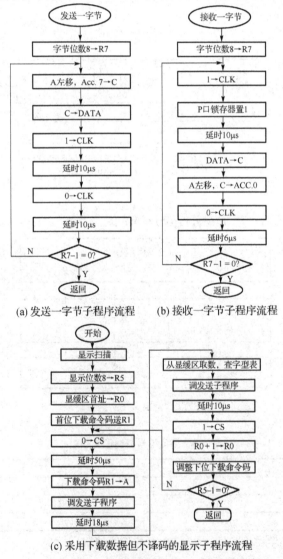

(a) 发送一字节子程序流程　　(b) 接收一字节子程序流程

(c) 采用下载数据但不译码的显示子程序流程

图 4.48　HD7279 子程序参考流程框图

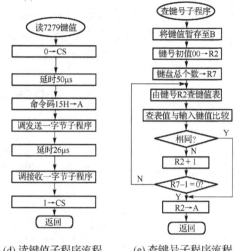

(d) 读键值子程序流程　　　　(e) 查键号子程序流程

图 4.48（续）　　HD7279 子程序参考流程框图

6. 实验步骤

（1）将 HD7279 键盘、显示模块电路板插入实验箱中扩展单元的插座上；

（2）将单片机的 P1.0 接扩展单元 CS-COM 端，P1.1 接扩展单元 VBUS 端；P1.2 接扩展单元 SUSP 端，P1.3 接扩展单元 INT-COM 端；

（3）调试、运行程序，按顺序按下数字键/功能键，观察运行结果是否达到设计的要求。

4.2.10　单片机实时时钟实验

1. 实验目的

（1）进一步了解 MCS-51 定时器和中断初始化编程方法；

（2）进一步掌握单片机系统中扩展 LED 和键盘的接口技术；

（3）熟悉定时器的应用及时钟程序的设计与调试技巧。

2. 实验内容

利用实验仪上的 8255 键盘、显示模块构成一实时电子时钟，编写程序，从实验系统键盘上输入时间初值，用定时器产生 50ms 定时中断，通过中断计数实现时钟功能，并将时间值实时地送 LED 数码管显示。

3. 实验原理

时钟是一计时装置，除了专用的时钟、计时显示器，许多控制系统常需要实时时钟来进行计时，单片机实时时钟是以单片机为核心的，利用单片机内部的计数/定时器进行中断定时，每隔 50ms 定时向 CPU 发出一次中断请求，CPU 响应中断后转入中断服务程序。在中断服务程序中进行计时处理，具体方法如下：

（1）首先开辟 50ms、秒、分和小时 4 个计时用的字节单元；

（2）每进入一次中断，对 50ms 单元进行加 1 计数；

（3）如果 50ms 单元计满 20 次，即为 1 秒，此时将 50ms 单元清 0，秒单元加 1，否则中断返回；

（4）如果秒单元计满 60 次，即为 1 分，此时将秒单元清 0，分单元加 1，否则中断返回；

（5）如果分单元计满 60 次，即为 1 小时，此时将分单元清 0，小时单元加 1，否则中断返回；

（6）如果小时单元计满 24 次，即为 1 天，此时将小时单元清 0，从 0 时开始重新计时，否则中断返回。

为方便显示处理，在计时过程中一般采用 BCD 码加法，这样在显示时只需将压缩 BCD 码的秒、分和小时数据转换成非压缩 BCD 码送显示缓冲区。

4. 实验电路

单片机实时电子钟的实验线路如图 4.49 所示，采用实验仪上配置的 8255 键盘、显示电路实现时钟的显示。

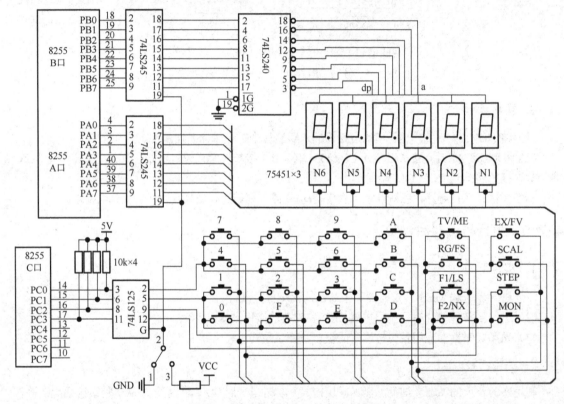

图 4.49　单片机实时电子钟实验电路图

5. 参考流程框图

实时电子钟实验程序参考流程框图如图 4.50 所示，为实现计时和显示，需定义 50ms、半秒、秒、分、小时共 5 个内存单元，其中"半秒"单元用于启动主程序的显示更新，其余用于计时。

6. 实验步骤

（1）暂时将主程序中的"调用时间初值输入子程序"调整为将一组时、分、秒的初值数据直接送定义的时、分、秒单元，编辑、调试、运行程序，观察程序的运行情况；

（2）在主程序中加入"调用时间初值输入子程序"，再次编辑、调试、运行程序，显示"P------"后，在键盘上输入时间初值，如输入：12、34、56，观察数码管实时显示的时间值。

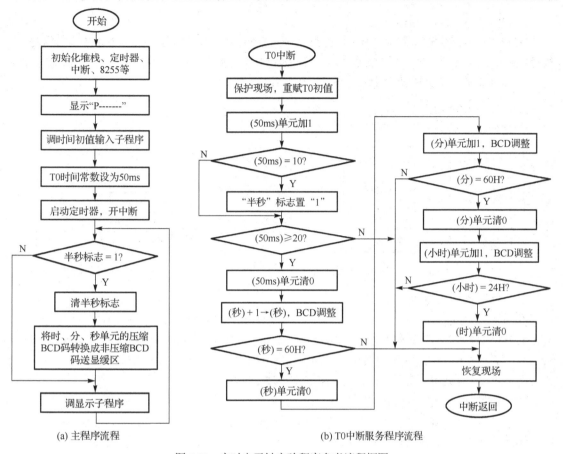

(a) 主程序流程   (b) T0中断服务程序流程

图 4.50 实时电子钟实验程序参考流程框图

4.2.11 基于 DS18B20 的温度测量实验

1. 实验目的

（1）了解 DS18B20 型单总线智能温度传感器的工作原理；

（2）掌握 DS18B20 芯片在单片机系统中的接口及编程方法。

2. 实验内容

通过编程，对 DS18B20 进行读/写，并把读出的温度值显示在 6 位数码管上。

3. 实验原理

1）DS18B20 的性能特点

（1）采用单总线专用技术，既可通过串行口线，也可通过其他 I/O 口线与单片机接口，无须经过其他变换电路，直接输出被测的温度值（9 位二进制数，含符号位）。

（2）测温范围为-55℃～+125℃，测量分辨率为 0.0625℃。

（3）内含 64 位经过激光修正的只读存储器 ROM。

（4）用户可分别设定温度的上、下限。

（5）内含寄生电源。

2）DS18B20 的内部结构

DS18B20 内部结构如图 4.51 所示，主要由 64 位激光 ROM、温度传感器、存放中间数据的高速暂存器 RAM、用于存储用户设定的温度上下限 TH 和 TL 触发器、配置寄存器、8 位循环冗余校验码（CRC）发生器等几个重要部分组成。DS18B20 的引脚排列如图 4.52 所示。

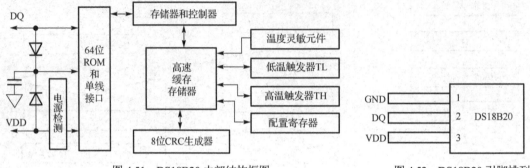

图 4.51　DS18B20 内部结构框图　　　　　图 4.52　DS18B20 引脚排列

（1）64 位光刻 ROM

光刻 ROM 中的 64 位序列号是出厂前被光刻好的，它可以视为该 DS18B20 的地址序列码。64 位光刻 ROM 的排列是：开始 8 位（28H）是产品类型标号，接着的 48 位是该 DS18B20 自身的序列号，最后 8 位是前面 56 位的循环冗余校验码（CRC=X8+X5+X4+1）。光刻 ROM 的作用是使每个 DS18B20 都各不相同，这样就可以实现一根总线上挂接多个 DS18B20 的目的。

（2）存储器

DS18B20 的存储器组织结构如图 4.53 所示。存储器包含 8 字节的 SRAM 暂存寄存器和存储着过温、低温（TH 和 TL）温度报警寄存器及配置寄存器的非易失性 EEPROM。

暂存寄存器中的 Byte 0 和 Byte 1 分别作为温度寄存器的低字节和高字节。同时这两字节是只读的。Byte 2 和 Byte 3 作为过温和低温（TH 和 TL）温度报警寄存器。Byte 4 保存着配置寄存器的数据。Byte 5、Byte6、Byte7 作为内部使用的字节而保留使用，不可被写入。暂存寄存器的 Byte 8 为只读字节，其中存储着该暂存寄存器中 Byte 0～Byte 7 的循环冗余校验（CRC）值。

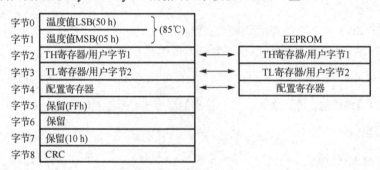

图 4.53　DS18B20 的存储器组织结构

使用写暂存寄存器命令[4Eh]才能将数据写入 Byte2、Byte3、Byte4 中；这些写入 DS18B20 中的数据必须从 Byte 2 中最低位开始。当从暂存寄存器中读数据时，从 1-Wire 总线传送的数据是以 Byte 0 的最低位开始的。为了将暂存寄存器中的过温和低温（TH 和 TL）温度报警值及配置寄存器数据转移至 EEPROM 中，主设备必须采用复制暂存寄存器命令[48h]。在 EEPROM 寄存器中的数据在设备断电后是不会丢失的；在设备上电后，EEPROM 的值将会重新装载至相对应的暂存寄存器中。当然，在任何其他时刻，EEPROM 寄存器中的数据也可以通过重新装载 EEPROM 命令[B8h]将数据装载至暂存寄存器中。主设备可以在产生读时序后，紧跟着发送重新装载 EEPROM 命令，则如果 DS18B20 正在进行重新装载，将会响应 0 电平，若重新装载已经完成，则会响应 1 电平。

（3）以 12 位转化为例说明温度高、低字节存放形式及计算

12 位转化后得到的 12 位数据，如表 4.8 所示。存储在 DS18B20 的两个高、低 8 位的 RAM 中，二进制数中的前面 5 位 S 是符号位。如果测得的温度大于 0，这 5 位为 0，只要将测到的数值乘以 0.0625 即可得到实际温度；如果温度小于 0，这 5 位为 1，测到的数值需要取反加 1 再乘以 0.0625 才能得到实际温度。

表 4.8　高、低字节存放形式

低八位	2^3	2^2	2^1	2^0	2^{-1}	2^{-2}	2^{-3}	2^{-4}
高八位	S	S	S	S	S	2^6	2^5	2^4

（4）配置寄存器

暂存寄存器中的 Byte 4 包含着配置寄存器，如表 4.9 所示。

表 4.9　配置寄存器

TM	R0	R1	1	1	1	1	1

表中 TM 是测试模式位，用于设置 DS18B20 在工作模式还是在测试模式，在 DS18B20 出厂时，该位被设置为 0，用户不要改动；R1、R0 用来设置分辨率，分辨率设置表如表 4.10 所示。

表 4.10　分辨率设置表

R0	R1	分辨率	温度最大转换时间	R0	R1	分辨率	温度最大转换时间
0	0	9 位	93.75ms	1	0	11 位	375ms
0	1	10 位	187.5ms	1	1	12 位	750ms

由表 4.10 可以知道，R1、R0 是温度分辨率的决定位，由 R1、R0 的不同组合可以配置为 9 位、10 位、11 位、12 位的温度输出。这样就可以知道不同的温度转化位所对应的转化时间，4 种配置的分辨率分别为 0.5℃、0.25℃、0.125℃和 0.0625℃。

3）DS18B20 控制方法

根据 DS18B20 的通信协议，主机控制 DS18B20 完成温度转换必须经过三个步骤：每次读/写之前都要对 DS18B20 进行初始化，初始化成功后发送一条 ROM 指令，最后发送 RAM 指令，这样才能对 DS18B20 进行预定的操作。

（1）初始化

初始化要求主 CPU 将数据线下拉 500μs，然后释放，DS18B20 收到信号后等待 16～60μs，然后发出 60～240μs 的存在低脉冲，主 CPU 收到此信号表示初始化完成。

（2）ROM 操作指令

初始化成功后需进行 ROM 操作，ROM 指令共有 5 条，每个工作周期只能发一条，ROM 指令分别是读 ROM 数据、指定匹配芯片、跳过 ROM、芯片搜索、报警芯片搜索。ROM 指令为 8 位长度，功能是对片内的 64 位光刻 ROM 进行操作。其主要目的是分辨一条总线上挂接的多个器件并做处理。一般只挂接单个 18B20 芯片时，可以进行"跳过 ROM"指令操作。

DS28B20 芯片的具体 ROM 操作指令如下：

① Read ROM（读 ROM）[33H]

这个命令允许总线控制器读到 DS18B20 的 64 位 ROM。只有当总线上只存在一个 DS18B20 时，才可以使用此指令，如果挂接不止一个器件，在通信时将会发生数据冲突。

② Match ROM（指定匹配芯片）[55H]

这个指令后面紧跟着由控制器发出了 64 位序列号，当总线上有多只 DS18B20 时，只有与控制发出的序列号相同的芯片才可以做出反应，其他芯片将等待下一次复位。这条指令适应单芯片和多芯片挂接。

③ Skip ROM（跳过 ROM 指令）[CCH]

这条指令使芯片不对 ROM 编码做出反应，在单总线的情况之下，为了节省时间，则可以选用此指令。如果在多芯片挂接时使用此指令，将会出现数据冲突，导致错误出现。

④ Search ROM（搜索芯片）[F0H]

在芯片初始化后，搜索指令允许总线上挂接多芯片时用排除法识别所有器件的 64 位 ROM。

⑤ Alarm Search（报警芯片搜索）[ECH]

在多芯片挂接的情况下，报警芯片搜索指令只对符合温度高于 TH 或低于 TL 报警条件的芯片做出反应。只要芯片不掉电，报警状态将被保持，直到再一次测得温度未达到报警条件为止。

（3）RAM 操作指令

在 ROM 指令发送给 DS18B20 之后，紧接着（不间断）就是发送存储器操作指令了。操作指令同样为 8 位，共 6 条，存储器操作指令分别是写 RAM 数据、读 RAM 数据、将 RAM 数据复制到 EEPROM、温度转换、将 EEPROM 中的报警值复制到 RAM、工作方式切换。

DS18B20 芯片的具体存储器操作指令如下。

① Write Scratchpad （向 RAM 中写数据）[4EH]

这是向 RAM 中写入数据的指令，随后写入的两字节的数据将会被存到地址 2（报警 RAM 之 TH）和地址 3（报警 RAM 之 TL）。写入过程中可以用复位信号中止写入。

② Read Scratchpad （从 RAM 中读数据）[BEH]

此指令将从 RAM 中读数据，读地址从地址 0 开始，一直可以读到地址 9，完成整个 RAM 数据的读出。芯片允许在读过程中用复位信号中止读取，即可以不读后面不需要的字节，以减少读取时间。

③ Copy Scratchpad （将 RAM 数据复制到 EEPROM 中）[48H]

此指令将 RAM 中的数据存入 EEPROM 中，以使数据掉电不丢失。此后由于芯片忙于 EEPROM 存储处理，当控制器发一个读时间隙时，总线上输出"0"，当存储工作完成时，总线将输出"1"。

④ Convert T（温度转换）[44H]

收到此指令后，芯片将进行一次温度转换，将转换的温度值放入 RAM 的第 1、2 字节。此后由于芯片忙于温度转换处理，当控制器发一个读时间隙时，总线上输出"0"，当转换工作完成时，总线将输出"1"。

⑤ Recall EEPROM（将 EEPROM 中的报警值复制到 RAM）[B8H]

此指令将 EEPROM 中的报警值复制到 RAM 中的第 3、4 字节中。由于芯片忙于复制处理，当控制器发一个读时间隙时，总线上输出"0"，当复制工作完成时，总线将输出"1"。另外，此指令将在芯片上电复位时将被自动执行。这样 RAM 中的两个报警字节位将始终为 EEPROM 中数据的镜像。

⑥ Read Power Supply（工作方式切换）[B4H]

此指令发出后发出读时间隙，芯片会返回它的电源状态字，"0"为寄生电源状态，"1"为外部电源状态。

要读出当前的温度数据，需要执行两个工作周期。第一个周期为复位、跳过 ROM 指令、执行温度转换存储器操作指令，等待 500μs 温度转换时间。紧接着执行第二个周期为复位、跳过 ROM 指令、执行读 RAM 的存储器操作指令、读数据。

DS18B20 的数据读/写是通过时间隙处理位和命令字来确认信息交换的，写时间隙和读时间隙的具体时序如下。

① 写时间隙

写时间隙分为写 "0" 和写 "1"。在写数据时间隙的前 15μs，总线需要是被控制器拉置低电平，而后则将是芯片对总线数据的采样时间，采样时间在 15～60μs，采样时间内如果控制器将总线拉高，则表示写 "1"，如果控制器将总线拉低，则表示写 "0"。每一位的发送都应该有一个至少 15μs 的低电平起始位，随后的数据 "0" 或 "1" 应该在 45μs 内完成。整个位的发送时间应该保持在 60～120μs，否则不能保证通信的正常。

② 读时间隙

读时间隙时控制器的采样时间应该更加精确才行，读时间隙时也是必须先由主机产生至少 1μs 的低电平，表示读时间的起始。随后在总线被释放后的 15μs 中，DS18B20 会发送内部数据位，这时控制器如果发现总线为高电平，表示读出 "1"，如果总线为低电平，则表示读出数据 "0"。每一位的读取之前都由控制器加一个起始信号。注意，必须在读时间隙开始的 15μs 内读取数据位，才可以保证通信的正确。

在通信时是以 8 位 "0" 或 "1" 为一字节，字节的读或写是从低位开始的，即从 D0 到 D7。

4. 实验电路

单片机及显示接口电路详见实验仪系统原理图部分，DS18B20 温度测量实验的接线如图 4.54 所示。

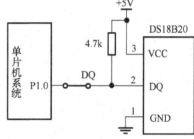

图 4.54 DS18B20 温度测量实验接线图

5. 参考流程框图

DS18B20 温度测量实验的主程序参考流程框图如图 4.55 所示，主程序中需用到的各子程序参考流程框图如图 4.56 所示。

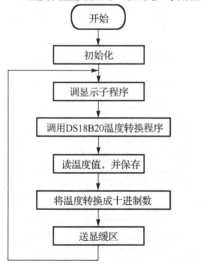

图 4.55 DS18B20 温度测量实验主程序流程参考框图

6. 实验步骤

（1）将 DS18B20 数字温度传感器模块电路中的 DQ 用导线连至 P1.0。

（2）显示电路可用系统 8255 键盘、显示模块，JK 置 "系统"。8255 的片选地址为 0FF20H。

若用 8279 键盘显示模块电路来显示，则连线为：用导线将 "8279 实验" 模块中 CS6 连至 FF80H；用排线将 "8279 实验" 模块中 JSL、JRL、JOUT 分别连至 "键盘显示接口" 模块中的 JS、JR、JLED；"键盘显示接口" 模块中的开关 JK 置 "外接" 方向。

（3）运行程序，观察数码管上显示的采集温度值。

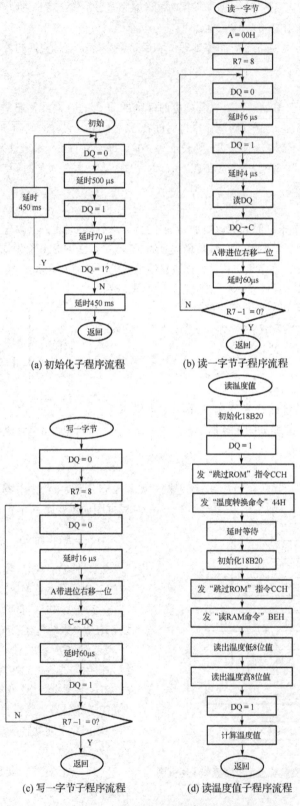

(a) 初始化子程序流程　　　(b) 读一字节子程序流程

(c) 写一字节子程序流程　　　(d) 读温度值子程序流程

图 4.56　DS18B20 子程序参考流程框图

4.3　单片机技术综合、应用实验

4.3.1　继电器控制实验

1．实验目的

（1）了解继电器的工作原理及控制的基本方法；
（2）掌握 P1 口输出控制继电器电路设计与程序设计的方法。

2．实验内容

利用 P1 口的输出控制继电器的开合，以实现对外部装置的控制，本实验利用 LED 指示灯模拟继电器负载，通过编程控制继电器使 LED 指示灯以 1s 时间间隔亮灭变化。

提高要求：采用定时/计数器 T0 进行 1s 定时。

3．实验原理

电磁式继电器一般由铁芯、线圈、衔铁、触点簧片等组成。只要在线圈两端加上一定的电压，线圈中就会流过一定的电流，从而产生电磁效应，衔铁就会在电磁力吸引的作用下克服返回弹簧的拉力吸向铁芯，从而带动衔铁的动触点与常开静触点吸合。当线圈断电后，电磁的吸力也随之消失，衔铁就会在弹簧的反作用力下返回原来的位置，使动触点与原来的常闭静触点吸合。这样吸合、释放，从而达到了在电路中导通、切断的目的。对于继电器的“常开、常闭”触点，可以这样来区分：继电器线圈未通电时处于断开状态的静触点，称为“常开触点”；处于接通状态的静触点称为“常闭触点”。

MCS-51 单片机 P1 口的输出电压与 TTL 兼容，驱动能力不能驱动继电器的线圈，因此必须在 P1 口与继电器之间增加驱动电路，一般驱动电路采用开关管来构成，开关管的耐压和 I_c 选择要与继电器的电压与功率参数相匹配。图 4.57 所示为 5V 小功率继电器的驱动电路。

4．实验电路

继电器控制实验的原理电路如图 4.57 所示，继电器的公共触点接地，而常开、常闭触点分别接 L1、L2 两个 LED 指示灯的驱动输入端。

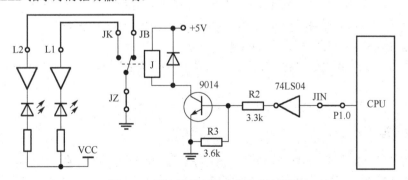

图 4.57　继电器控制实验电路及连线图

5．参考流程框图

继电器控制实验的程序参考流程框图如图 4.58 所示，流程采用的是计数/定时器 T0 定时的方法。

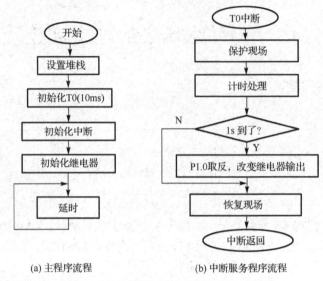

(a) 主程序流程　　　　　　(b) 中断服务程序流程

图 4.58　继电器控制实验程序参考流程框图

6. 实验步骤

（1）把 P1.0 接继电器控制模块的 JIN 端，继电器的 JZ 通过 K1 接地；JK 接 L1，JB 接 L2；

（2）编写程序并调试程序，使 P1.0 电平变化，高电平时继电器吸合，常开触点接上，L1 点亮，L2 熄灭，低电平时继电器释放，常闭触点闭合，L1 熄灭，L2 点亮。

4.3.2　工业顺序控制实验

1. 实验目的

熟悉工业顺序控制程序的简单编程，中断的使用。

2. 实验内容

单片机 P1.0～P1.6 控制虚拟注塑机的 7 个执行机构，现模拟控制 7 只发光二极管的点亮表示各道工序执行机构的动作。假设虚拟注塑机的工作流程有 7 道工序，各道工序的要求如下。

（1）第 1～6 道工序只控制一个执行机构动作，实验中分别控制 P1.0～P1.5 输出。

（2）第 7 道工序控制一组执行机构动作，实验中对应控制 P1.4～P1.6 输出。

（3）设定每道工序的持续时间分别为 t_1, t_2, $\cdots$, t_7。

（4）P3.4 为运行启动开关，高电平启动。P3.3 为外部故障输入模拟开关，低电平报警，P1.7 为报警声音输出。

扩展要求：将运行工步号及该工步运行的时间送 LED 显示器显示。

3. 实验原理

在工业控制中，像冲压、注塑、轻纺、制瓶等生产过程，都是一些断续生产过程，按某种程序有规律地完成预定的动作，对这类断续生产过程的控制称为顺序控制，例如，注塑机工艺过程大致按"原位→闭模→合闸→整进→注射→预塑→开闸→起模"顺序动作，其顺序控制易用单片机来实现。

4. 参考电路及连线

模拟工业顺序控制的实验线路如图 4.59 所示。

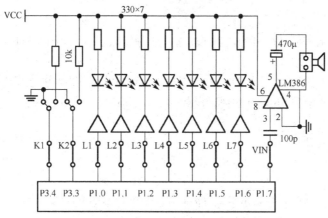

图 4.59　工业顺序控制实验电路连线图

5. 参考流程框图

工业顺序控制实验的程序参考流程如图 4.60、图 4.61 所示，其中，alarm 为报警标志；n 为所执行的工步号，n＝0 为等待状态，n＝1～7 为工步 1～7；times[i] (i＝0～6)为工步 1～7 执行的时间；output[i]（i＝0～6）为工步 1～7 执行的输出控制码。

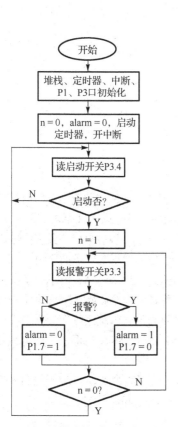

图 4.60　工业顺序控制实验主程序参考流程框图

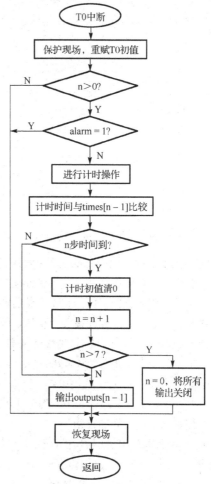

图 4.61　工业顺序控制实验中断服务程序参考流程框图

6．实验步骤

（1）按图 4.59 所示，将 P1.0～P1.6 接 LED 指示灯的输入 L1～L7，P1.7 接扬声器驱动的输入 VIN，P3.3、P3.4 接开关 K1、K2。

（2）编写、调试并执行程序，把 K1 接到低电平，观察发光二极管的点亮情况，确定工序执行是否正常，然后把 K2 置为低电平，观察声音报警情况。

4.3.3　步进电机控制实验

1．实验目的

（1）了解步进电机工作原理和步进电机控制系统的硬件电路设计方法；

（2）掌握单片机控制步进电机的驱动程序设计与调试。

2．实验内容

编写并调试程序，用 P1.6 控制步进电机的正反转，P1.6=1 时，步进电机正转，P1.6=0 时，步进电机反转，转动速度控制在约 30 转/min；

提高要求：编写并调试出一个按图 4.62 所示控制步进电机运动的实验程序，并显示其转速和转动步数，每段步进电机转动 2000 步，匀速运动时的速度控制在约 30 转/min。

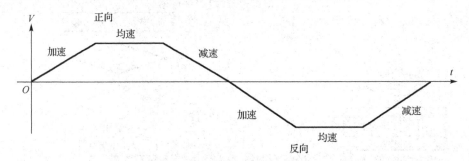

图 4.62　控制步进电机运动曲线图

3．实验原理

步进电机是工业过程控制及仪表中常用的控制元器件之一，例如，在机械装置中可以用丝杠把角度变为直线位移，也可以用步进电机带螺旋电位器，调节电压或电流，从而实现对执行机构的控制。步进电机可以直接接收数字信号，不必进行数模转换，用起来非常方便。步进电机还具有快速启停、精确步进和定位等特点，因而在数控机床、绘图仪、打印机及光学仪器中得到广泛的应用。

步进电机实际上是一个数字/角度转换器，三相步进电机的结构原理如图 4.63 所示。从图中可以看出，电机的定子上有 6 个等分磁极，A、A′、B、B′、C、C′，相邻的两个磁极之间夹角为 60°，相对的两个磁极组成一相（A-A′，B-B′，C-C′），当某一绕组有电流通过时，该绕组相应的两个磁极形成 N 极和 S 极，每个磁极上各有 5 个均匀分布的矩形小齿，电机的转子上有 40 个矩形小齿均匀地分布的圆周上，相邻两个齿之间的夹角为 9°。

当某一相绕组通电时，对应的磁极就产生磁场，并与转子形成磁路，如果这时定子的小齿和转子的小齿没有对齐，则在磁场的作用下，转子将转动一定的角度，使转子和定子的齿相互对齐。由此可见，错齿是促使步进电机旋转的原因。

例如，在三相三拍控制方式中，若 A 相通电，B、C 相都不通电，在磁场作用下使转子齿和 A 相的定子齿对齐，以此作为初始状态。设与 A 相磁极中心线对齐的转子的齿为 0 号齿，由于 B 相磁极与 A 相磁极相差 120°，不是 9° 的整数倍（120÷9=40/3），所以此时转子齿没有与 B 相定子的齿对应，只是第 13 号小齿靠近 B 相磁极的中心线，与中心线相差 3°，如果此时突然变为 B 相通电，A、C 相不通电，则 B 相磁极迫使 13 号转子齿与之对齐，转子就转动 3°，这样使电机转了一步。如果按照 A→B→C 的顺序轮流通电一周，则转子将动 9°。

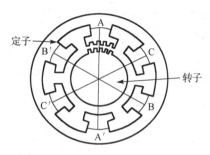

图 4.63　三相步进电机结构示意图

步进电机的运转是由脉冲信号控制的，传统方法是采用数字逻辑电路——环形脉冲分配器控制步进电机的步进。图 4.64 所示为环形脉冲分配器的简化框图。

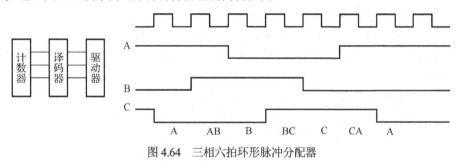

图 4.64　三相六拍环形脉冲分配器

实验仪采用的是 24BYJ48 型四相步进减速电机，其主要技术参数如表 4.11 所示。

表 4.11　24BYJ48 型步进电机技术参数

相　　数	4	电　压	5V DC
电流	40mA	电阻	130Ω
步距角	5.625°/64	减速比	1:64
空载牵出频率	1000pps	空载牵入频率	500pps
牵入转矩	≥29.4mN·m		

采用 MCS-51 单片机控制步进电机的运转，按四相四拍方式在 P1 口输出控制代码，令其正转或反转。因此 P1 口输出代码的变化周期 T 控制了电机的运转速度：

$$n = 60/T \cdot N \tag{4-1}$$

式中　n——步进电机的转速（转/min）；

　　　N——步进电机旋转一周所需步数；

　　　T——代码字节的输出变化周期。

针对本实验的步进电机，$N = 360°/(5.625° \times 1/64) = 4096$。

若设 $T = 500\mu s$，则步进电机的转速约为 30 转/min。

（1）运转方向控制。如图 4.65 所示，步进电机以四相四拍方式工作，若按 A→B→C→D 次序通电为正转，则当按 A→D→C→B 次序通电时，为反转。

（2）运转速度的控制。图中可以看出，当改变 CP 脉冲的周期时，ABC 三相绕组高、低电平的宽度将发生变化，这就导致通电和断电时速率发生了变化，使电机转速改变，所以调节 CP 脉冲的周期就可以控制步进电机的运转速度。

（3）旋转的角度控制。因为每输入一个 CP 脉冲，步进电机三相绕组状态变化一次，并相应地旋转一个角度，所以步进电机旋转的角度由输入的 CP 脉冲数确定。

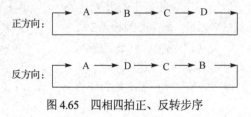

正方向：A → B → C → D

反方向：A → D → C → B

图 4.65　四相四拍正、反转步序

4. 实验电路

步进电机控制实验的连线如图 4.66 所示，根据步进电机工作原理，使用 MCS-51 单片机的 P1.0～P1.3 分别驱动步进电机 A、B、C、D 相，用软件控制 P1 口输出一脉冲驱动序列，控制步进电机转速、方向。若需增加速度、步数等的数值显示功能，可在图 4.66 基础上再接上 8279 显示接口电路和发光二极管指示电路等。

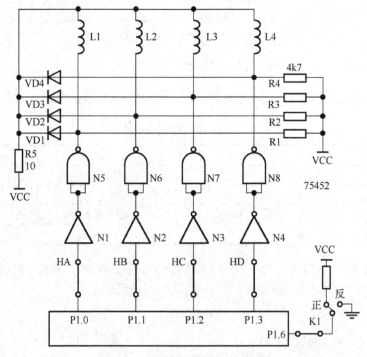

图 4.66　步进电机控制实验连线图

5. 参考流程框图

步进电机控制实验程序参考流程框图如图 4.67、图 4.68 所示。基本实验的内容可在图 4.68 所示参考流程框图基础上实现，程序中需定义一个"步序计数器"单元和正、反转步序表 CTAB 和 FTAB。

为实现提高要求实验内容所需的运行曲线，需定义一个"步计数器"字变量 M、一个延时控制用"计数器"字变量 N 和存放延时计数初值的字单元。

6. 实验步骤

（1）P1.0～P1.3 输出插孔接步进电机的 HA～HD 输入插孔，P1.6 接 K1 开关。

（2）用导线将"8279 实验"模块中 CS6 连至 FF80H；用排线将 8279 实验模块中 JSL、JOUT 分别连至键盘显示接口模块中的 JS、JLED；键盘显示接口模块中的开关 JK 置"外接"方向。

（3）编写程序、调试并运行程序，观察步进电机的转动状态及显示结果。

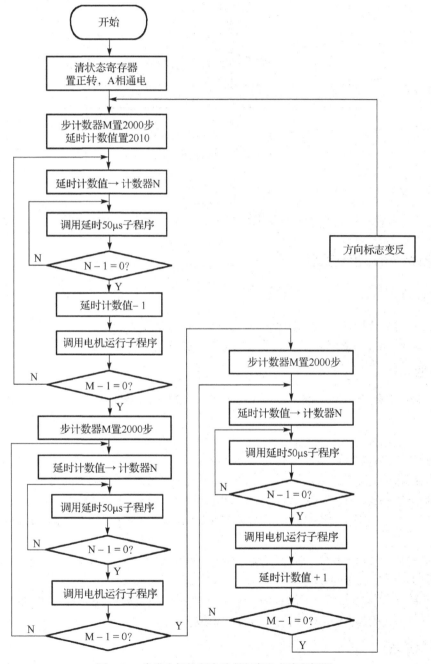

图 4.67　步进电机控制实验主程序参考流程框图

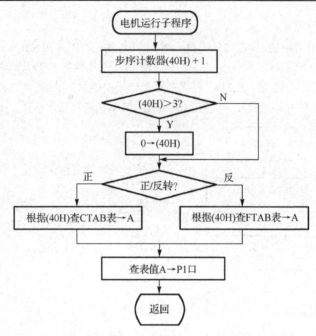

图 4.68　正、反转步进运行子程序参考流程框图

4.3.4　交通信号灯控制实验

1．实验目的

（1）进一步熟悉时间控制的"顺序工步"类程序设计的思路与方法；

（2）掌握定时器、中断等在交通信号灯控制应用中的程序设计方法。

2．实验内容

编写并调试实验程序，其功能为用 8255 作输出口，控制 12 个发光二极管亮灭，模拟控制简易交通信号灯运行。

要求：

（1）初始状态为 4 个路口的红灯全亮，持续 2s；

（2）东西路口的绿灯亮，南北路口的红灯亮，东西路口方向通车，持续时间为 t_1，后转入下一状态；

（3）东西路口的绿灯熄灭，黄灯开始亮，持续时间为 t_2，后转入下一状态；

（4）东西路口红灯亮，同时南北路口的绿灯亮，南北路口方向开始通车，持续时间为 t_3，后转入下一状态；

（5）南北路口的绿灯熄灭，黄灯开始亮，持续时间为 t_4，后转入下一状态；

（6）重复以上 2～5 步的过程。

提高要求：①增加各步持续时间 t_1、t_2、t_3、t_4 的输入功能及运行时各步持续时间的倒计时显示。

　　　　　　②增加在绿灯熄灭前 3s 的绿灯闪动功能。

3．实验原理

根据实验要求，可列出表 4.12 所示的各指示灯的状态表。

从表 4.12 可见，步序 1 为初始状态，对交通灯的控制在步序 2～步序 5 之间循环。即循环进行"输出 0AH，持续 t_1→输出 0CH，持续 t_2→输出 11H，持续 t_3→输出 21H，持续 t_4"。持续时间采用 CPU 内部的计数/定时器来完成。如果控制各信号灯的硬件端口发生变化，则对控制码也需进行调整。

表 4.12 指示灯的状态表

步序	东西方向			南北方向			控制码	持续时间
	红灯	绿灯	黄灯	红灯	绿灯	黄灯		
	PA0、PB0	PA1、PB1	PA2、PB2	PA3、PB3	PA4、PB4	PA5、PB5		
1	●	○	○	●	○	○	09H	2s
2	○	●	○	●	○	○	0AH	t_1
3	○	○	●	●	○	○	0CH	t_2
4	●	○	○	○	●	○	11H	t_3
5	●	○	○	○	○	●	21H	t_4

注：●表示灯亮，○表示灯灭。

4. 实验电路及连线

实验电路由 8255 I/O 扩展模块电路和 LED 发光二极管指示电路组成，其电路连线如图 4.69 所示。按照街道路面交通信号灯的设置，东西方向有两组"红、绿、黄"灯，且两组亮的颜色相同；南北方向也是两组"红、绿、黄"灯，因此，用 PA0～PA2、PB0～PB2 控制东西方向的两组信号灯，PA3～PA5、PB3～PB5 控制南北方向的两组信号灯。这样，PA、PB 口输出相同的控制码，即可使同一方向的两组信号灯发出同样的信号。

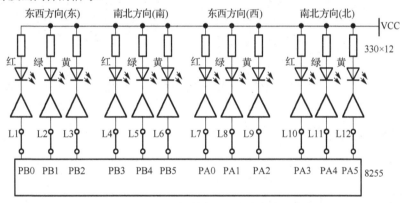

图 4.69 8255 控制交通灯实验电路及连线

5. 参考流程框图

交通信号灯控制实验的参考程序流程如图 4.70 所示。为实现步序控制，需定义一个进行"步序"计数的计数器变量 n（$n=0～3$），以及计时间用的时间计数器变量 times。同时，将 4 个控制码和 4 个设定的持续时间定义成两个数据表，供通过变量 n 查表使用。

6. 实验步骤

（1）将实验台上 8255 实验模块中 PB0～PB5 接发光二极管 L1～L6，PA0～PA5 接发光二极管 L7～L12；
（2）编写程序，编译、调试、运行程序，观察发光二极管的亮灭是否按交通灯的规律亮灭。

7. 思考问题

如果真正设计一个实用的交通信号灯控制器，还需考虑哪些问题？

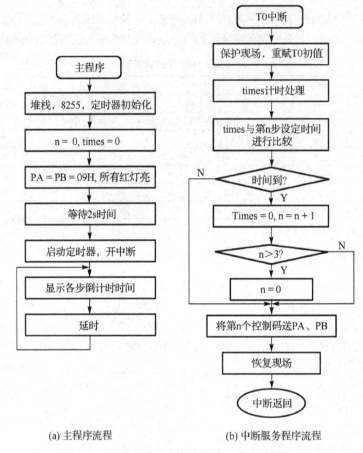

(a) 主程序流程　　　　(b) 中断服务程序流程

图 4.70　交通信号灯控制程序参考流程框图

4.3.5　I²C 总线存储器读/写实验

1．实验目的

（1）了解接触式 IC 卡工作原理；

（2）熟悉 I²C 总线结构及其接口技术；

（3）掌握通过 I²C 总线读/写存储器的编程方法。

2．实验内容

编写接触式 IC 卡的读、写程序，实现以下功能：

（1）定义一 16 字节的十进制数字 ASCII 码字符串，并将其写入 IC 卡存储器 00H 开始的单元中；

（2）把 IC 卡存储器 00H～0FH 这 16 个单元的数据读到系统内存 4000H～400FH 单元中，同时将前 6 个 ASCII 码转换为 BCD 码后，通过 LED 数码显示器显示出来。

3．实验原理

（1）I²C 总线是 Philips 公司推出的设备内部串行总线，它由一根双向的数据线 SDA 和一根时钟线 SCL 组成，SDA 和 SCL 一般通过上拉电阻接+5V 电源，总线空闲时皆为高电平，I²C 总线的输出端必须是开漏或集电极开路，以便具有"线与"功能，总线数据传输速率为 100kbps。具有 I²C 总线的设备都是工作在主从方式，由主设备发开始（START）和停止（STOP）信号，在 SCL 为高电平时，SDA 由高电平变低电平，SDA 的下降沿为开始信号，而在 SCL 为高电平时，SDA 的上升沿为停止信号，如图 4.71 所示。SDA 线上的数据状态仅在 SCL 为低电平期间才能改变。

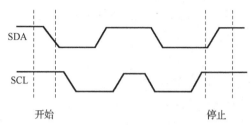

图 4.71　操作状态的开始和停止

Atmel 公司的串行 EEPROM AT24CXX（AT24C01、02、04、08、16）就是属于这种接口的芯片，它们的容量分别是 128×8、256×8、512×8、1K×8、2K×8。对 AT24C 系列 EEPROM 的操作有"字节写"、"页写"、"现行地址读"、"随机读"和"序列读"等方式，实现"字节写"的时序为：

S	1	0	1	0	A2	A1	A0	0	A	addr	A	data	A	P

S 为起始信号，由主节点提供；SDA 在 SCL 高电平期间由高电平变成低电平；1010 为器件型号地址；A2A1A0 为页地址；0 为写操作；A 为应答信号，在主从节点之间任何字节传送完后，从节点必须有应答信号，肯定时应答信号为低电平，否定时应答信号为高电平；addr 为 8b 的字节地址，指定片内操作的单元地址。data 为 8b 的字节数据，由主节点发出，从节点接收；P 停止信号，SDA 在 SCL 为高电平期间由低电平变成高电平。其他操作方式的时序类似，具体可查看器件的数据手册。

（2）编程指南

① AT24C01A 卡是一种 EEPROM 存储卡，容量为 128×8 位，采用 I²C 总线结构，其卡的结构及引脚排列如图 4.72 所示。

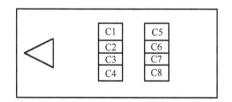

图 4.72　AT24C01A 卡的结构及引脚排列

② AT24C01 的字节写操作时序如图 4.73 所示，图中 A2、A1、A0 为器件引脚的电平状态。"单元地址"为待写入单元的地址，"数据"为待写入的数据。

图 4.73　写字节时序图

③ 随机读操作的时序如图 4.74 所示，图中 A2、A1、A0 为器件引脚的电平状态，"单元地址"为待读出单元的地址，"数据"为读出的数据。

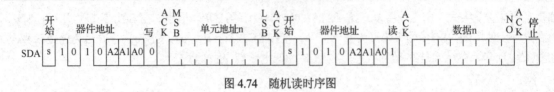

图 4.74 随机读时序图

4. 实验电路

I^2C 总线存储器读/写实验的电路连线如图 4.75 所示，P3.0 接 SCL，P3.1 接 SDA。三个 LED 指示灯用于指示 IC 卡的接触状态及对存储器的读/写状态。

5. 参考流程框图

I^2C 总线存储器读/写实验的部分程序参考流程框图如图 4.76(a)、(b)、(c)、(d)所示。参考流程框图只给出了向 EEPROM 写入一字节和读出一字节的流程，完成实验内容的程序流程请自行设计。

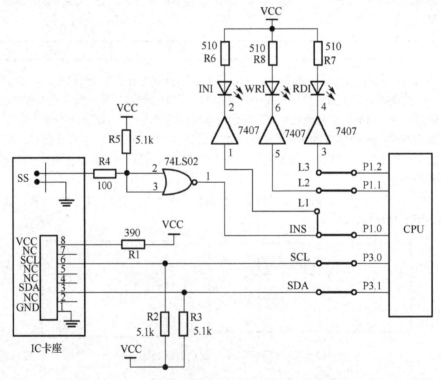

图 4.75 I^2C 总线存储器读/写实验电路接线图

6. 实验步骤

（1）把 IC 卡芯片面向前、向下轻轻插入 IC 卡座。

（2）P3.0 接 SCL，P3.1 接 SDA。

（3）P1.0～P1.2 分别接 L1～L3，P1.0 接 INS，作为插卡到位识别信号，同时发光二极管 L1 作为 IC 卡插入指示灯，灯亮表明 IC 卡插入正确，P1.1 驱动发光二极管 L2 作为 IC 卡写信号指示灯，灯亮表明 IC 卡正在写，P1.2 驱动发光二极管 L3 作为 IC 卡读信号指示灯，灯亮表明 IC 卡正在读。

（4）编写、调试、运行设计的程序，观察 LED 数码显示器显示的内容与所定义字符串的关系。

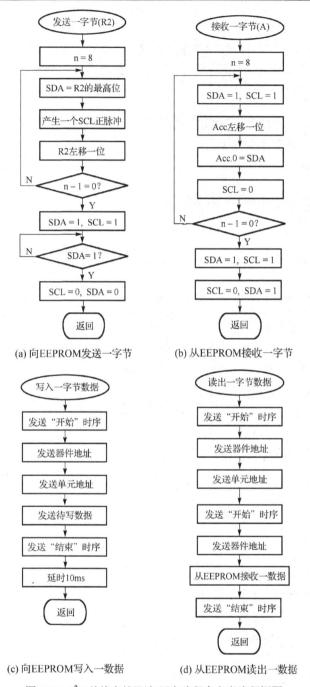

(a) 向EEPROM发送一字节　　(b) 从EEPROM接收一字节

(c) 向EEPROM写入一数据　　(d) 从EEPROM读出一数据

图 4.76　I²C 总线存储器读/写实验程序参考流程框图

4.3.6　LED 点阵显示控制实验

1. 实验目的

（1）了解点阵 LED 显示器的原理和程序设计方法；

（2）掌握单片机与 LED 点阵块之间的接口电路设计及显示控制编程。

2．实验内容

（1）利用取模软件建立"单片机技术实验"汉字串的 16×16 点阵字库；

（2）编制程序，在 LED 点阵上循环显示"单片机技术实验"汉字串。

3．实验电路及连线

LED 点阵显示控制实验的电路连接如图 4.77 所示。用扩展 8255 的 PA、PB 端口控制点阵的列，PC 端口和 CPU 的 P1 口控制点阵的行。

4．参考流程框图

LED 点阵显示控制实验的程序参考流程框图如图 4.78 所示。

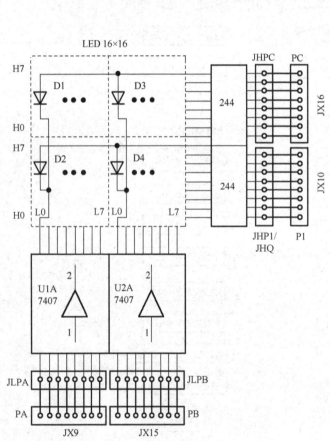

图 4.77　LED 点阵显示控制实验接线电路图

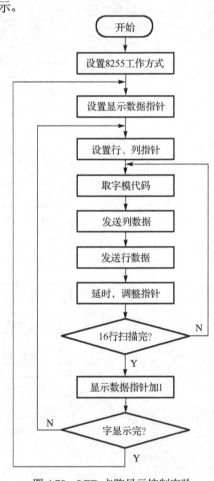

图 4.78　LED 点阵显示控制实验
程序参考流程框图

5．实验步骤

（1）用排线将 JHPC 接 JX16，JHP1 接 JX10，JLPA 接 JX9，JLPB 接 JX15；

（2）用取模软件取出"单片机技术实验"汉字串的 16×16 点阵，定义成数组；

（3）编写、调试并运行所设计程序，观察显示结果。

4.3.7 LCD 液晶显示控制实验

1．实验目的

（1）了解点阵式液晶显示器显示字符及图形的原理；
（2）掌握单片机与 LCD 液晶显示模块之间的电路接口设计与字符显示编程的方法。

2．实验内容

（1）利用取模软件建立"单片机技术实验"和"点阵式液晶显示器"汉字串的 16×16 点阵字库；
（2）编制程序，在 LCD 上分两行显示"单片机技术实验"和"点阵式液晶显示器"汉字串。

3．实验原理

实验仪上的液晶显示屏 SG12864J1 是一款无字库的 128×64 点阵图形液晶显示模块，可显示汉字及图形。其屏幕由 64 行×128 列点阵组成，可以显示 16 点阵的 4 行×8 列（32 个）汉字、8 点阵的 8 行×16 列（128 个）字母和 128×64 全屏幕点阵图形。

（1）外部接口信号表

SG12864 液晶显示模块的接口信号如表 4.13 所示。

表 4.13 SG12864 LCD 模块接口信号表

插 脚 号	插脚名称	电 平	功 能 名 称
1	Vss	0	电源地
2	Vdd	+5.0V	电源
3	Vo	—	液晶显示器驱动电压
4	D/I	H/L	H：DB0～DB7 显示数据 L：DB0～DB7 显示指令数据
5	R/W	H/L	H：数据被读到 DB0～DB7(E：H) L：数据被写入 IR 或 DR(E：H→L)
6	E	H/L	H：DDRAM 数据被读到 DB0～DB7(R/W：H) H→L：锁存 DB0～DB7(R/W：L)
7	DB0	H/L	数据位 0
8	DB1	H/L	数据位 1
9	DB2	H/L	数据位 2
10	DB3	H/L	数据位 3
11	DB4	H/L	数据位 4
12	DB5	H/L	数据位 5
13	DB6	H/L	数据位 6
14	DB7	H/L	数据位 7
15	CS1	H/L	右半屏片选信号，高电平有效
16	CS2	H/L	左半屏片选信号，高电平有效
17	RES	H/L	复位信号，低电平有效
18	Vout	−5V	LCD 驱动电源
19	LED+	5V	背光电源+
20	LED−	0V	背光电源−

（2）主要功能部件

SG12864 液晶显示模块内部有以下主要功能部件。

① 指令寄存器 IR：用于寄存指令码，当 D/I＝0 时，E 的下降沿将数据线上的数据写入指令寄存器 IR。

② 数据寄存器 DR：用于寄存数据。DR 和显示数据存储器 DDRAM 之间的数据传输是模块内部自动执行的。当 D/I = 1 时，E 的下降沿将数据线上的数据写入数据寄存器 DR。

③ 忙标志 BF：用于表示 LCD 内部的工作状态。BF = 1 表示在进行内部操作，此时不接收外部数据和指令；BF = 0 表示为准备好状态，此时可接收外部数据和指令。

④ 显示控制触发器 DFF：用于模块显示的开、关控制。DFF = 1 为开显示，DDRAM 的内容就显示在屏幕上；DFF = 0 为关显示。

⑤ XY 地址计数器：XY 地址计数器是一个 9 位计数器，高 3 位是 X 地址计数器，低 6 位是 Y 地址计数器。XY 地址计数器实际上是作为 DDRAM 的地址指针，X 地址计数器为页地址，它不能进行计数，只能用指令设置，范围为 0～7；Y 地址计数器为 Y 地址指针，它具有循环计数功能，各显示数据写入后，Y 地址自动加 1，范围为 0～63。

⑥ 显示数据存储器 DDRAM：DDRAM 是存储图形显示数据的。数据为 1 表示显示选择，数据为 0 表示显示非选择。DDRAM 的地址（X 地址指针、Y 地址指针）和显示位置的关系如表 4.14 所示。从表 4.14 可以看出，左半屏（CS1=1）Y 地址有 64 单元，右半屏（CS2=1）Y 地址也有 64 单元。

表 4.14　显示数据 RAM 地址表

	CS1=1					CS2=1					
Y=	0	1	…	62	63	0	1	…	62	63	行号
X=0 ↓ X7	DB0 ↓ DB7	DB0 ↓ DB8	DB0 ↓ DB9	DB0 ↓ DB10	DB0 ↓ DB11	DB0 ↓ DB12	DB0 ↓ DB13	DB0 ↓ DB14	DB0 ↓ DB15	DB0 ↓ DB16	0 7
	DB0 ↓ DB7	DB0 ↓ DB8	DB0 ↓ DB9	DB0 ↓ DB10	DB0 ↓ DB11	DB0 ↓ DB12	DB0 ↓ DB13	DB0 ↓ DB14	DB0 ↓ DB15	DB0 ↓ DB16	8 55
	DB0 ↓ DB7	DB0 ↓ DB8	DB0 ↓ DB9	DB0 ↓ DB10	DB0 ↓ DB11	DB0 ↓ DB12	DB0 ↓ DB13	DB0 ↓ DB14	DB0 ↓ DB15	DB0 ↓ DB16	56 63

⑦ Z 地址计数器：Z 地址计数器是一个 6 位计数器，它用来控制 DDRAM 的哪一行数据显示在 LCD 屏的第一行上，取值范围为 0～63。可通过指令进行设置。RES 复位后，Z 地址计数器为 0。

（3）显示控制指令

SG12864 液晶显示模块共设有 7 条控制指令，具体如下。

① 显示开关控制

R/W	D/I	DB7	DB6	DB5	DB4	DB3	DB2	DB1	DB0
0	0	0	0	1	1	1	1	1	D

功能：　D = 1，开显示，即显示器可以进行各种显示操作；
　　　　D = 0，关显示。

② 设置显示起始行

R/W	D/I	DB7	DB6	DB5	DB4	DB3	DB2	DB1	DB0
0	0	1	1	L5	L4	L3	L2	L1	L0

功能：L5～L0 的内容将被自动送入 Z 地址计数器，它规定了显示屏最顶一行所对应的显示存储器的行地址，范围为 0～63。

③ 设置 X 地址

R/W	D/I	DB7	DB6	DB5	DB4	DB3	DB2	DB1	DB0
0	0	1	0	1	1	1	P2	P1	P0

功能：P2～P0 的内容将被送入 X 地址计数器，作为 X 地址指针，范围为 0～7，X 地址指针没有自动加 1 功能。

④ 设置 Y 地址

R/W	D/I	DB7	DB6	DB5	DB4	DB3	DB2	DB1	DB0
0	0	0	1	C5	C4	C3	C2	C1	C0

功能：C5～C0 的内容将被送入 Y 地址计数器，作为 Y 地址指针。在对 DDRAM 进行读/写操作后，Y 地址指针自动加 1。

⑤ 读状态

R/W	D/I	DB7	DB6	DB5	DB4	DB3	DB2	DB1	DB0
1	0	BUSY	0	On/off	RES	0	0	0	0

功能：这是一条"读"指令。它将模块的状态读回到 DB0～DB7，BUSY＝1 表示"忙"，BUSY＝0 表示"就绪"；On/off＝1 表示显示关闭，On/off＝0 表示正常显示；RES＝1 表示内部正在初始化。

⑥ 写显示数据

R/W	D/I	DB7	DB6	DB5	DB4	DB3	DB2	DB1	DB0
0	1	D7	D6	D5	D4	D3	D2	D1	D0

功能：把 D7～D0 数据写入相应的 DDRAM 单元，写完后 Y 地址指针自动加 1。

⑦ 读显示数据

R/W	D/I	DB7	DB6	DB5	DB4	DB3	DB2	DB1	DB0
0	1	D7	D6	D5	D4	D3	D2	D1	D0

功能：把 DDRAM 相应单元的数据 D7～D0 读到 DB7～DB0，读完后 Y 地址指针自动加 1。

4．实验电路及连线

LCD 液晶显示控制实验的电路连线如图 4.79 所示。P1 口与模块的 DB0～DB7 相连，用 P3 口产生其他的控制信号。

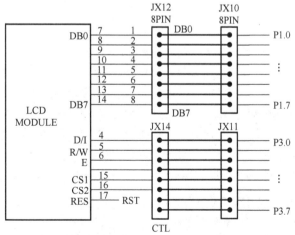

图 4.79 LCD 液晶显示控制实验电路连线图

5．参考流程框图

LCD 液晶显示控制实验的参考流程框图如图 4.80 所示。

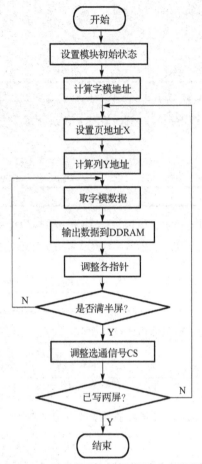

图 4.80　LCD 液晶显示控制实验程序参考流程框图

波提高测量精度。

6. 实验步骤

（1）用排线连 JX10（P1 口）到 JX12（DB0～DB7），连 JX11（P3 口）到 JX14；

（2）用取模软件取出"单片机技术实验"和"点阵式液晶显示器"汉字串的 16×16 点阵，定义成数组；

（3）编写、调试、运行所设计程序，观察显示结果。

4.3.8　应变受力的测量实验

1. 实验目的

（1）了解应变电阻进行受力测量的基本工作原理；

（2）掌握单片机对模拟量进行数字化测量的方法，提高数据处理的程序设计和调试能力。

2. 实验内容

（1）搭建一应用应变电阻进行受力测量的实验线路；

（2）编写并调试一个程序，对施加于压力传感器金属弹性元器件表面的受力进行测量，并将测量结果送 LED 数码显示器进行显示；

（3）假设受力的测量范围为 0～1020N，采样频率为 100 次/s。

提高要求：通过连续多次采样，采用中值平均滤波提高测量精度。

3. 实验原理

　　将电阻应变片粘附在弹簧片的表面，弹簧片在力的作用下发生形变，而电阻应变片也随着弹簧片一起变形，这将导致电阻应变片电阻值的变化。弹簧片受的力越大，形变也越大，电阻应变片电阻的变化也越大，测量出电阻应变片电阻的变化，就可以计算出弹簧片受力的大小。

　　图 4.81 所示为应变片电桥测量电路，由应变片的电阻 R_1 和另外三个电阻 R_2、R_3、R_4 构成桥路，当电桥平衡时（电阻应变片未受力作用时），$R_1=R_2=R_3=R_4=R$，此时电桥的输出 $U_o=0$，当应变片受力后，R_1 发生变化，破坏了电桥的平衡，电桥输出 $U_o \neq 0$，并有：

$$U_o \approx \pm(\Delta R / 4R) \times U \approx \pm(K_0 \varepsilon / 4)U \qquad (4\text{-}2)$$

式中，$\Delta R/R$ 为应变片电阻值的相对变化比。

　　在弹性形变范围内，在一定线性度的情况下，可以认为：

$\Delta R/R = K_0 \times \varepsilon$；$\varepsilon$ 为电阻丝轴向线应变；K_0 为金属材料电阻应变片的灵敏度系数；对于一定的金属材料，K_0 为常数。

　　电桥的输出信号 U_o 比较微弱，需经放大器进行放大到与 A/D 转换器匹配的幅值范围。一般为 0～5V。0V 对应不受力状态，5.0V 对应满度受力状态，在本实验中对应的受力为 1020N。

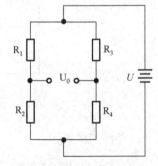

图 4.81　应变片电桥测量电路

4．实验电路

整个应变力测量实验的线路由力测量调理电路、A/D 转换模块、8255 键盘、显示模块等组成，图 4.82 所示为其中的力测量调理电路。由图可见，桥路将应变电阻的变化转换为电压差的变化，通过差分放大器对桥路输出的电压差进行放大，并转换成单端电压输出，再通过后级放大器进行放大输出 VP。A/D 转换模块、8255 键盘、显示模块的线路参见本章 4.2.5 节和 4.2.4 节的实验线路。

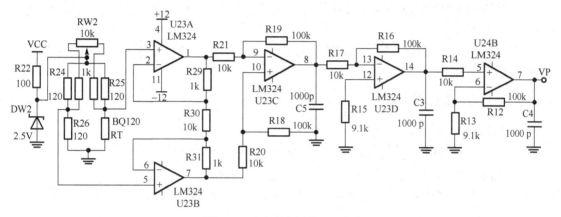

图 4.82　应变受力测量调理电路

5．参考流程框图

应变受力测量实验的程序参考流程框图如图 4.83 所示。主程序负责将 A/D 转换的结果变换成应变受力的大小，同时送 LED 显示器显示；而中断服务程序负责定时采样和滤波处理。

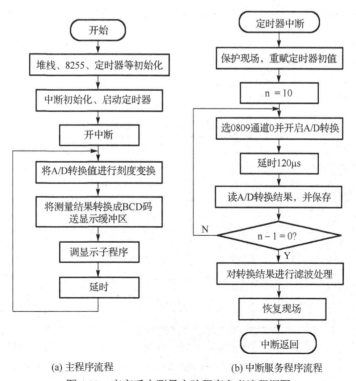

(a) 主程序流程　　　　(b) 中断服务程序流程

图 4.83　应变受力测量实验程序参考流程框图

6. 实验步骤及要求

（1）用导线将 ADC 0809 模块电路中 IN0 连至"应变受力传感调理电路"模块上的 VP，ADC 0809 模块电路中 JX6 连至数据总线区 JX17，ADC0809 模块电路中 CS4 连 FF80H，8MHz 连至分频单元中的 T。

（2）采用系统 8255 键盘、显示模块电路进行测量结果的显示。

（3）通过"应变受力传感调理电路"模块中的电位器，对电桥进行零点平衡调节。用万用表测试 VP 输出，用手指按压弹簧钢片（从小到最大），使压力发生变化，且 VP 输出的电压为 0～5.0V 变化，设对应压力为 0～1020N。

（4）编写、调试、运行程序，用手指按压在压力传感器片上，随着力的增减，观察 LED 数码显示器上数值的变化并记录。

4.3.9 AD590 温度测量实验

1. 实验目的

（1）了解集成温度传感器 AD590 的基本工作原理；

（2）熟悉小信号放大器的工作原理和零点、增益的调整方法；

（3）进一步掌握单片机对模拟量进行数字化测量的方法，提高数据处理的程序设计和调试能力。

2. 实验内容

（1）搭建应用 AD590 进行温度测量的实验线路；

（2）编写并调试一个程序，对 AD590 传感器感应的温度进行测量，并将测量结果送 LED 数码显示器进行显示；

（3）假设温度的测量范围为 0～100℃，采样频率为 100 次/s。

提高要求：通过连续多次采样，采用中值平均滤波提高测量精度。

3. 实验原理

AD590 是电流输出型温度传感器，工作电压为 4～30V，检测温度范围为–55℃～+150℃，它有非常好的线性，灵敏度为 1μA/K，其输出电流与温度之间的关系如表 4.15 所示。AD590 输出信号通过 10kΩ电阻取出的电压信号，经零点调整、小信号放大后输出 VT，供 ADC0809 采样进行数字化测量。

表 4.15　AD590 温度与有关参数一览表

温度	AD590 电流	经 10kΩ电压	零点调整后电压	放大 5 倍后电压 VT	ADC 数字量
8℃	273.2μA	2.732V	0.0V	0V	00H
10℃	283.2μA	2.832V	0.1V	0.5V	1AH
20℃	293.2μA	2.932V	0.2V	1V	33H
30℃	303.2μA	3.032V	0.3V	1.5V	4DH
40℃	313.2μA	3.132V	0.4V	2V	66H
50℃	323.2μA	3.232V	0.5V	2.5V	80H
60℃	333.2μA	3.332V	0.6V	3V	99H
70℃	343.2μA	3.432V	0.7V	3.5V	B3H
80℃	353.2μA	3.532V	0.8V	4V	CCH
90℃	363.2μA	3.632V	0.9V	4.5V	E6H
100℃	373.2μA	3.732V	1V	5V	FFH

中值平均滤波是一种既能滤除脉冲干扰，又能平滑滤波的克服随机干扰的软件算法。具体过程为：设 N 次采样值 $X_1, X_2, \cdots, X_N$ 按大小顺序排列为 $X_1 \leqslant X_2 \leqslant X_3 \cdots \leqslant X_N$，把最小的 X_1 和最大的 X_N 去掉，剩下的取算术平均值即为滤波后的值 y，即：

$$y = \frac{X_2 + X_3 + \cdots + X_{N-1}}{N - 2} \tag{4-3}$$

在单片机测量应用中，一般 N 取 10。

4. 实验电路

整个温度测量实验的线路由 AD590 温度测量调理电路、A/D 转换模块、8255 键盘、显示模块等组成，图 4.84 所示为其中的 AD590 温度测量调理电路。由图可见，AD590 输出信号通过 R0 和 VR1 构成的 10kΩ 电阻取出电压信号，经跟随器后由下一级加法器进行零点调整，再放大成 0～5.0V 电压后输出 VT。

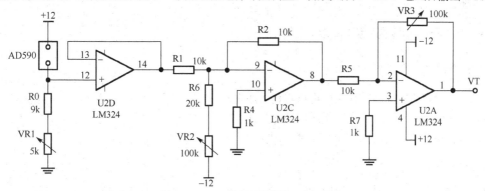

图 4.84　AD590 温度测量调理电路

5. 参考流程框图

AD590 温度测量实验参考流程框图如图 4.85 所示，它与应变受力测量实验的流程相似，区别在主程序中对 A/D 转换结果进行刻度变换时，要按 A/D 转换输出范围与对应的被测温度范围来进行。

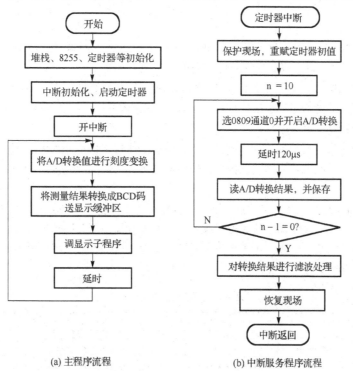

(a) 主程序流程　　　　(b) 中断服务程序流程

图 4.85　AD590 温度测量实验程序参考流程框图

6. 实验步骤

（1）将外扩实验板"AD590 温度测量模块"插入实验仪"扩展单元"的插座上；

（2）备一温度计，根据室温调整 AD590 的输出电压，假如室温为 25℃，则调整 VR1 使 LM324 的 14 脚输出为 2.982V，再调 VR2，使 LM324 的 8 脚输出为−0.25V，再调 VR3，使 VT 为 1.25V。

（3）用排线将 ADC0809 模块电路中 JX6 连至数据总线区 JX17，CS4 连 FF80H，A/D0809 模块电路中 IN0 连至"AD590 温度测量模块"上的 VT 输出插孔，8MHz 连至分频单元中的 T。

（4）编写、调试、运行程序，改变 AD590 温度传感器环境的温度，观察 LED 数码显示器上数值的变化情况。

4.3.10 直流电机转速控制实验

1. 实验目的

（1）了解单片机测量与控制直流电机转速的原理；

（2）了解转速传感及数字化测量的原理与方法；

（3）掌握单片机进行转速测量与速度控制的编程方法。

2. 实验内容

（1）搭建一利用 DAC0832 数模转换模块进行速度测量、控制的实验线路；

（2）编写并调试一个程序，将 FFH 送 DAC0832 转换成模拟电压驱动直流电机转动，同时利用霍尔开关传感器的输出进行速度测量，并将测量结果送 LED 数码显示器进行显示。

提高要求：将测量的速度作为反馈，和 DAC0832 数模转换模块一起构成闭环系统，编写程序实现设定速度的控制。

3. 实验原理

转速是工程上的一个常用参数。旋转体的转速常以每秒钟或每分钟转数来表示，因此其单位为转/s、转/min，也有时用角速度表示瞬时转速，这时的单位相应为 rad/s。

转速的测量方法很多，由于转速是以单位时间内的转数来衡量的，在变换过程中多数是有规律的重复运动。霍尔开关传感器正由于其体积小、无触点、动态特性好、使用寿命长等特点，在测量旋转物体转动速度方面得到了广泛应用。

霍尔器件是由半导体材料制成的一种薄片，在垂直于平面方向上施加外磁场 **B**，在沿平面方向两端加外电场，则使电子在磁场中运动，结果在器件的两个侧面之间产生霍尔电势。其大小和外磁场及电流大小成比例。

本实验选用 Allegro 的 1200 系列霍尔开关传感器 A1211，它是一种硅单片集成电路，器件的内部含有稳压电路、霍尔电势发生器、放大器、施密特触发器和集电极开路输出电路，具有工作电压范围宽、可靠性高、外电路简单、输出电平可与各种数字电路兼容等特点。器件采用三端平塑封装。引出端功能符号如表 4.16 所示。

表 4.16 引出端功能符号表

引出端序号	1	2	3
功能	电源	地	输出
符号	VCC	GND	OUT

根据霍尔效应原理，将一块永久磁钢固定在电机转轴上的转盘边沿，转盘随转轴旋转，磁钢也将跟着同步旋转，在转盘附近安装一个霍尔器件 A1211，转盘随转轴旋转时，受磁钢所产生的磁场的影响，霍尔器件输出脉冲信号，其频率和转速成正比，测出脉冲的周期或频率，即可计算出转速。

由于本实验装置直流电机霍尔开关传感器输出为每转一圈一个脉冲，所以拟采用测周法进行速度测量，原理如图 4.86 所示。

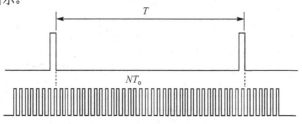

图 4.86　测周法转速测量

通过用一频率为 $f_o = 1/T_o$ 的标准脉冲来测得霍尔开关传感器输出的两个脉冲之间的时间间隔 $T = NT_o$，便可得到其相应的转速值

$$S = 60 \times (1/T) = 60 \times (1/NT_o)\ \text{转/min} \tag{4-4}$$

直流电机的转速与施加于电机两端的电压大小有关。本实验通过控制 DAC0832 的模拟输出电压来控制电机的转速。当电机转速小于设定值时，增大 D/A 输出电压，大于设定值时，则减小 D/A 输出电压，从而使电机以某一速度恒速旋转。通常可采用简单的比例调节器来进行控制，算法如下：

$$Y = K_p \times e(t) \tag{4-5}$$

式中：Y—— 调节器的输出；

$e(t)$—— 调节器的输入，一般为偏差值；

K_p—— 比例系数。

从式（4-5）可以看出，调节器的输出 Y 与输入偏差值 $e(t)$ 成正比，因此，只要偏差 $e(t)$ 一出现，就产生与之成比例的调节作用，具有调节及时的特点，这是一种最基本的调节规律。比例调节作用的大小除了与偏差 $e(t)$ 有关外，主要取决于比例系数 K_p，比例调节系数越大，调节作用越强，动态特性也越大。反之，比例系数越小，调节作用越弱。对于大多数的惯性环节，K_p 太大时将会引起自激振荡。比例调节的主要缺点是存在静差，对于扰动的惯性环节，K_p 太大时将会引起自激振荡。对于扰动较大、惯性也比较大的系统，若采用单纯的比例调节器，就难以兼顾动态和静态特性，需采用调节规律比较复杂的 PI（比例积分调节器）或 PID（比例、积分、微分调节器）算法。

4. 实验电路

直流电机转速控制实验线路由 DAC0832 数模转换模块、直流电机及驱动电路、霍尔速度测量接口、8279 键盘、显示接口模块（或 8255 键盘、显示接口模块）组成。图 4.87 所示为 DAC0832 数模转换模块、直流电机及驱动电路和霍尔速度测量接口的连接线路图。霍尔开关传感器的输出接单片机的 P3.2（INT0）。

5. 参考流程框图

直流电机转速测量、控制实验的参考流程框图如图 4.88 所示，因霍尔开关传感器输出的转速脉冲周期较长，所以，还需对定时器溢出中断进行处理，定义一个"溢出计数器"单元，当 T0 计满溢出时，产生中断，中断对溢出计数器加 1，同时启动 T0 计数器从 0 开始计数。T0 中断的流程从略。显示模块的代码可参见附录 B 中的相关内容。

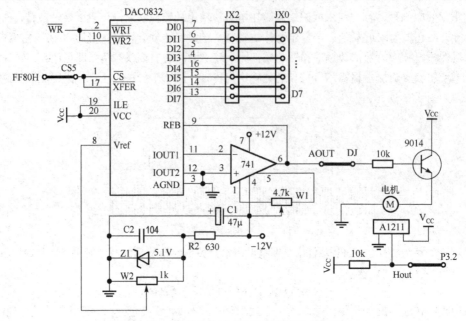

图 4.87　直流电机转速控制实验连线电路图

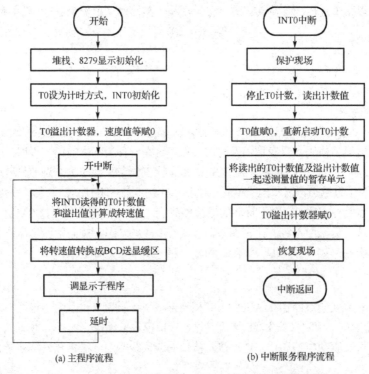

(a) 主程序流程　　　　　　　　　　(b) 中断服务程序流程

图 4.88　直流电机转速测量、控制实验程序参考流程框图

6. 实验步骤

（1）将 DAC0832 模块中的 JX2 接至数据总线区 JX0；DAC0832 模块中的片选 CS5 接译码输出 FF80H，DAC0832 模块中的输出 AOUT 接直流电机控制模块中的 DJ。

（2）若采用 8279 键盘、显示接口模块显示电机转速，接线为：用导线将"8279 实验"模块中 CS6

连至 FF90H；用排线将"8279 实验"模块中 JSL、JOUT 分别连至"键盘显示接口"模块中的 JS、JLED；"键盘显示接口"模块中的开关 JK 置"外接"方向。

若采用系统的 8255 键盘、显示接口模块显示电机转速，则无须接线。

（3）编写、调试并运行程序，观察直流电机旋转工作状态及 LED 数码管上显示数值的情况。

（4*）若进行提高要求部分实验，在主程序中增加转速设定功能，另外增加一个定时中断以实现闭环控制的功能。设置好调节周期和调节参数后，观察电机转速的控制效果。

7．思考题

若要提高直流电机速度控制的范围和精度，需对系统做何改进？

4.3.11　智能化人机接口实验

1．实验目的

（1）进一步了解键盘扫描和 LED 数码显示器的工作原理；
（2）掌握采用单片机技术实现键盘/显示接口的硬件设计及编程方法；
（3）掌握智能化仪器仪表中人机接口的实现方法与程序设计。

2．实验内容

设计实现键盘与显示的硬件接口方案，在所设计硬件的基础上编写并调试程序，实现 10 个工艺参数的输入。具体要求为：

（1）设计所需的键盘和数码显示器的安排与布局；
（2）设计各参数输入显示的标志符和输入的方式；
（3）系统开机后显示 START；
（4）参数输入范围为 00～99；
（5）参数输入个数为 10 个，并存储在内部 RAM 50H～59H 单元中。

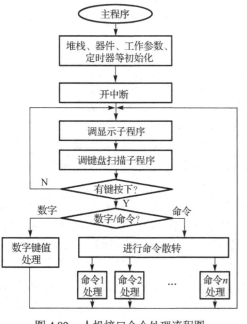

图 4.89　人机接口命令处理流程图

3．实验原理

键盘、显示接口是智能化仪器仪表中人机接口的一个重要组成部分，一方面通过显示器监视参数输入的状态，另一方面，通过显示器显示仪器仪表测量和控制的结果和运行的状态。键盘是智能化仪器仪表中的一个关键部件，操作者通过键盘输入数据或命令，实现人机对话功能。采用单片机接口技术实现键盘/显示的接口设计可有多种方案，如 8279 键盘显示接口电路，8255 键盘、显示接口电路，7279 键盘显示接口电路等。而人机接口的软件设计是实现接口界面的一个重要方面，常用的人机接口软件流程如图 4.89 所示，程序的主循环中，调用显示程序和键盘扫描程序，当有键盘按下时，分数字键和命令键进行处理。在命令键处理中，根据不同的命令按键跳转到相应的命令处理程序，处理完成后返回到调用显示子程序的入口。

4. 实验电路

（1）8279 键盘显示接口电路方案

Intel 8279 是一种通用可编程键盘、显示器接口芯片，除完成 LED 显示控制外，还可完成矩阵键盘的输入控制。键盘输入部分提供一扫描工作方式，最多可与 64 个按键的矩阵键盘连接，能对键盘不断扫描、自动消抖、自动识别出按下的键并给出编码，能对双键或 n 键同时按下实行保护。图 4.90 所示为 8279 键盘、显示接口电路原理图。

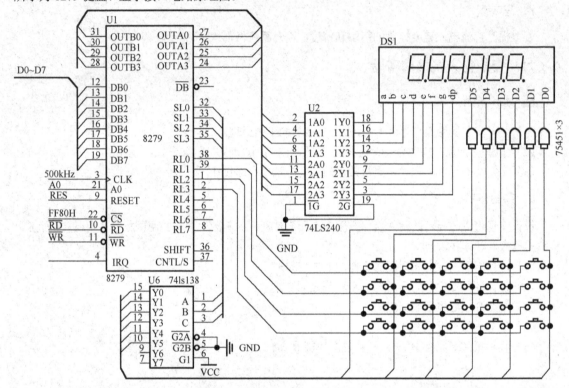

图 4.90　8279 键盘、显示接口电路原理图

（2）8255 键盘、显示接口电路方案

可编程通用并行接口芯片 8255 具有三个 8 位的并行 I/O 口，分别为 PA 口、PB 口、PC 口，其中 PC 口又分为高 4 位口 PC7～PC4 和低 4 位口 PC3～PC0，它们都可通过软件编程来改变其 I/O 工作方式，8255 可与 MCS-51 单片机直接接口。6 位共阴极 LED 显示器与 8255 构成动态显示的接口原理如图 4.91 所示，8255 的 A 口作为扫描口，经同相驱动器 75451 后接显示器的公共极，B 口作为段数据口，经驱动器 74LS240 后接显示器的各个段控制端。而 PA 口及 PC 口则实现对矩阵键盘的管理。

（3）HD7279 键盘、显示接口电路方案

HD7279 是一片具有串行接口的，可同时驱动 8 位共阴式数码管（或 64 只独立 LED）的智能显示驱动芯片，该芯片同时还可连接多达 64 键的键盘矩阵，单片即可完成 LED 显示、键盘接口的全部功能。图 4.92 为 HD7279 键盘、显示接口电路的原理图。实验时只需将 HD7279 的 $\overline{\text{CS}}$、CLK、DATA、$\overline{\text{KEY}}$ 与 CPU 的 I/O 端口，如 P1 口相连。

上述三种键盘、显示接口的说明在本章的 4.2.8 节、4.2.4 节和 4.2.9 节有详细的描述。具体的内容可参见对应的章节。

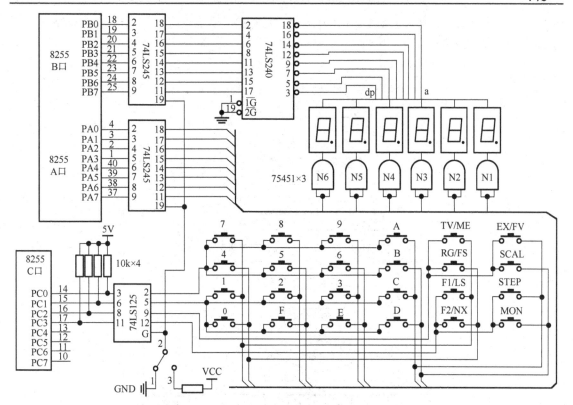

图 4.91　8255 键盘显示接口电路

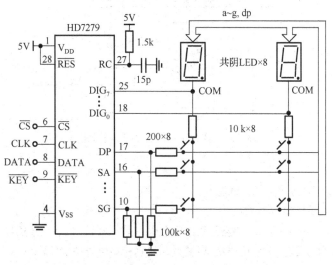

图 4.92　HD7279 键盘、显示接口电路图

5. 参考流程框图

人机接口实验在面板上设置 0～9 数字键和"输入"、"▼"、"▲"及"退出"共 4 个命令键，参考流程框图如图 4.93 所示。按下"输入"键后启动参数的输入，开始"F0＿＿＿"的输入，"▼"键确认当前参数的输入，同时进入下一个参数的输入；"▲"键确认当前参数的输入，同时回到上一个参数的输入；"退出"则结束参数的输入。此外，软件还需定义一个字节变量 n，用以指示第 n 个参数的

输入，定义一个 6 字节的缓冲区 buffer[6]作为显示缓冲。按下一数字键时，将 buffer[5]送 buffer[4]，将数字键代表的数值送 buffer[5]。

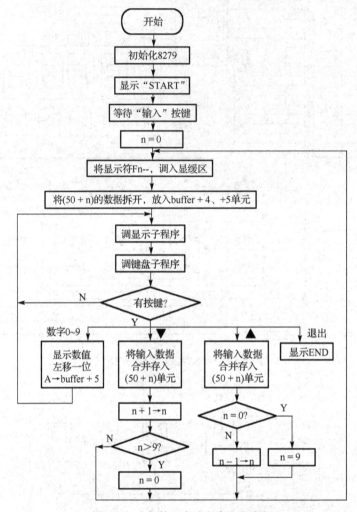

图 4.93　人机接口实验程序参考流程

6. 实验步骤

（1）按所选择的方案进行实验电路连线。

① 8279 键盘、显示接口电路方案

用导线将 CS6 连至 FF80H；用排线把 JSL 连至键盘显示接口的 JS；把 JRL 连至键盘显示接口的 JR；把 JOUT 连至键盘显示接口的 JLED；将键盘、显示接口的开关 JK 置"外接"方向。

② 8255 键盘、显示接口电路

采用实验平台提供的系统 8255 键盘、显示接口电路进行实验，需将键盘、显示接口的开关 JK 置"系统"方向。

③ 7279 键盘、显示接口电路方案

将外扩实验板"7279 键盘显示接口电路"插到实验仪的扩展单元插座上，然后将单片机的 P1.0 接扩展单元 CS-COM 端（CS），P1.1 接扩展单元 VBUS 端（CLK）；P1.2 接扩展单元 SUSP 端（DATA），P1.3 接扩展单元 INT-COM 端（KEY）。

（2）编写、调试、运行程序，进行键盘操作，观察 LED 显示器的变化，输入结束后查看 50H～59H 单元的内容。

4.3.12　频率测量实验

1. 实验目的

（1）进一步熟悉频率数字化测量的工作原理；
（2）熟悉 V/F 式 A/D 转换器与单片机接口的设计方法；
（3）进一步掌握用单片机进行频率测量的电路设计及软件编程方法。

2. 实验内容

（1）搭建频率数字化测量的实验线路，被测频率范围为 0～100kHz。
（2）编写并调试进行频率测量的程序，频率测量分辨率为 100Hz，并将测得的频率值在显示器上显示出来。

3. 提高要求

（1）将频率测量的分辨率提高到 10Hz；
（2）利用 V/F 转换模块构成一 V/F 式 A/D 转换器，完成实验线路的搭建和转换程序的设计与调试。要求：① 输入电压范围为 0～10V；② 等效的 A/D 转换位数在 12 位以上。

4. 实验原理

频率测量的原理框图如图 4.94 所示。

f_x 为被测频率，加在主门的 A 端；T 为开门时间，加在主门的 B 端；f_x 的脉冲只有在开门时间 T 内才能通过主门 G；被测脉冲的周期为 $T_x = 1/f_x$，通过主门的脉冲个数 N 为

$$N = T/T_x = T/(1/f_x) = T \times f_x \qquad (4\text{-}6)$$

这一脉冲由主门后的计数器电路进行计数，再送显示电路显示。

图 4.94　频率测量的基本原理

上述测量过程可用微处理器内部的定时器来完成，一般 T0 作为定时器，而 T1 作为计数器，T0 确定脉冲计数的时间，而 T1 则对外部频率脉冲进行计数，T0 的定时时间取决于测量所需的分辨率。利用 MCS-51 系列单片机进行频率测量的硬件连接方式如图 4.95 所示，放大与整形电路将输入脉冲变换成标准的 TTL 信号后送单片机的 T1 输入端，再由软件完成对输入 T1 的信号频率进行测量。软件的参考流程如图 4.98 所示。

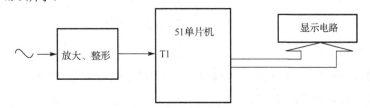

图 4.95　单片机频率测量原理框图

在频率的数字化测量基础上，利用 V/F 转换器，将模拟输入电压转换成与之成正比的频率信号，便可实现 V/F 式 A/D 转换。目前常用的集成 V/F 转换器有 LM331、VFC32 等。LM331 的主要特性如下。

① 满量程频率范围：1Hz～100kHz；

② 最大非线性度为：0.01%；

③ 脉冲输出与所有逻辑输出形式兼容；

④ 单电源或双电源供电；

⑤ 最佳温度稳定性、最大值为±50ppm/℃；

⑥ 低功耗，5V 时典型值为 15mW。

LM331 构成 V/F 转换器的典型电路原理如图 4.96 所示。V_{in} 的输入范围为 0～10V，其输出频率为：

$$F_{OUT} = \frac{V_{in}}{2.09V} \cdot \frac{R_S}{R_L} \cdot \frac{1}{R_t C_t} \tag{4-7}$$

取 R_L = 100kΩ，R_t = 470Ω，C_t = 0.01μF，R_{S1}=8.2kΩ，R_{S2}=5kΩ，对应的最高输出频率为 83.5～134.4kHz。通过调节当 R_{S2} 可以使得 V_{in} 的输入为 0～10V 时，输出频率为 0～100kHz。

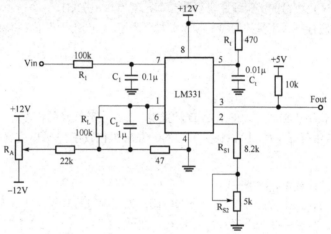

图 4.96　LM331 V/F 转换电路原理图

5．实验电路

频率测量实验的实验电路如图 4.97 所示，LM331 V/F 转换模块提供 0～100kHz 信号送 T1 输入端进行测量，测量结果送 8279 数码显示模块进行显示。

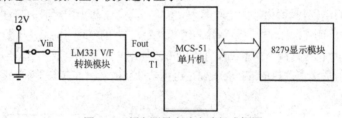

图 4.97　频率测量实验电路组成框图

6．参考流程框图

频率测量实验程序参考流程框图如图 4.98 所示，主程序负责初始化、频率的计算和显示，T0 定时中断服务程序则负责 T1 计数值的读取。

7．实验步骤

（1）硬件电路模块接线

① 将电位器输出的模拟电压 Aout 连接到 V/F 转换模块的 Vin 插孔，将模块的输出 Fout 插孔连接到 CPU 的 T1（P3.3）插孔。

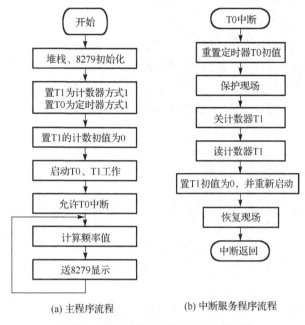

(a) 主程序流程　　　　　(b) 中断服务程序流程

图 4.98　频率测量实验软件参考流程框图

② 采用 8279 键盘、显示电路进行显示，用导线将 CS6 连至 FF80H；用排线把 JSL 连至键盘显示接口的 JS；把 JOUT 连至键盘显示接口的 JLED；键盘显示接口的开关 JK 置"外接"方向。

（2）编写、调试、运行程序，观察显示的测量结果。

（3）改变输入到 V/F 转换模块的模拟电压，记录模拟电压值与测得的频率测量值，并对数据进行分析。

4.3.13　温度采集与控制实验

1．实验目的

（1）了解温度传感器电路的工作原理；

（2）了解闭环控制的基本原理；

（3）进一步熟悉 A/D 变换原理和编程方法；

（4）进一步熟悉键盘、显示接口电路使用和编程方法；

（5）掌握单片机应用系统硬件及软件的设计方法。

2．设计要求

（1）根据设计方案，选择并连接各模块电路构成具有温度传感、调理、数据采集、测试计算、数值显示和控制功能的实验线路。具体功能要求为：

① 温度传感器采用 Pt100 铂热电阻，测量范围为 0～100℃；

② 温度测量分辨率为 0.5℃；

③ 测量的温度值采用 LED 数码显示器进行显示。

（2）编写并调试程序，实现对温度的采集、处理、显示和控制。

（3）控制加热机构，实现温度闭环控制（选做）。

（4）采用 PID 算法控制温度在设定值上，实现恒温控制（选做）。

3. 实验原理

（1）铂热电阻

用于测温的传感器种类比较多，Pt100 铂热电阻为最常用的温度传感器之一。铂热电阻是利用阻值随温度而变化的特性来测量温度的，它有很好的稳定性和测量精度，测温范围宽。

铂热电阻的电阻值与温度之间的关系近似为线性关系，在–200℃～0℃范围内，温度为 t 时的阻值 R_t 的表达式为：

$$R_t = R_0[1 + At + Bt^2 + C(t-100)t^3] \tag{4-8}$$

在温度为 0℃～650℃范围内：

$$R_t = R_0(1 + At + Bt^2) \tag{4-9}$$

式中的分度常数为：

$$A = 3.96847 \times 10^{-3} \quad (1/\text{℃})$$
$$B = -5.847 \times 10^{-7} \quad (1/\text{℃}^2)$$
$$C = -422 \times 10^{-12} \quad (1/\text{℃}^3)$$

R_0 是 Pt100 铂热电阻在 0℃时的电阻值，为 100Ω。

Pt100 铂热电阻在 0℃～100℃时的电阻值与温度之间的关系见附录 C 中的附表 C.4 所示。

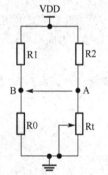

图 4.99　直流电桥原理图

（2）电桥原理

直流电桥的电路原理如图 4.99 所示，由图可见：

$$U_A = \frac{R_t}{R_2 + R_t} V_{DD} \tag{4-10}$$

$$U_B = \frac{R_0}{R_1 + R_0} V_{DD} \tag{4-11}$$

$$\Delta U = U_A - U_B = \left(\frac{R_t}{R_2 + R_t} - \frac{R_0}{R_1 + R_0}\right) V_{DD} \tag{4-12}$$

设 $R_1 = R_2$，$R_t = R_0 + \Delta R$（R_0 为 100Ω）

则：
$$\Delta U = \left(\frac{R_0 + \Delta R}{R_1 + R_0 + \Delta R} - \frac{R_0}{R_1 + R_0}\right) \times V_{DD} \tag{4-13}$$

当 T=0℃时，$R_t = R_0$，即 $\Delta R = 0$，电桥处于平衡

$$\Delta U = \left(\frac{R_0}{R_1 + R_0} - \frac{R_0}{R_1 + R_0}\right) \times V_{DD} = 0 \tag{4-14}$$

当 T>0℃时，因为 $\Delta R \ll R_1 + R_0$

所以
$$\Delta U \approx \left(\frac{R_0 + \Delta R}{R_1 + R_0} - \frac{R_0}{R_1 + R_0}\right) \times V_{DD} = \left(\frac{\Delta R}{R_1 + R_0}\right) \times V_{DD} \tag{4-15}$$

取 T=100℃时，R_t=138.5Ω，$R_1 = R_2$=10K，R_0=100Ω，V_{DD} = 12V

$$\Delta U = \frac{138.5 - 100}{10 \times 10^3 + 100} \times 12 = 0.0457\text{V} \tag{4-16}$$

所以，当温度 T 变化范围为 0～100℃时，ΔU 的变化范围为 0～45.7mV。

（3）测量放大器的工作原理

三运放结构的测量放大器由两级组成，两个对称的同相放大器构成第一级，第二级为差动放大器
——减法器，如图 4.100 所示。

设加在运放 A1 同相端的输入电压为 V1，加在运放 A2 同相端的输入电压为 V2，若 A1、A2、A3
都是理想运放，则 V1 = V4，V2 = V5。

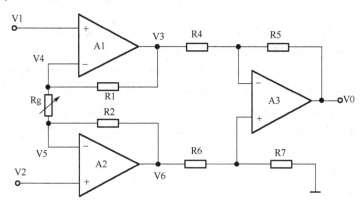

图 4.100　测量放大器原理图

$$I_{\mathrm{G}} = \frac{V_4 - V_5}{R_{\mathrm{G}}} = \frac{V_1 - V_2}{R_{\mathrm{G}}} \tag{4-17}$$

$$V_3 = V_4 + I_{\mathrm{G}} \cdot R_1 = V_1 + \frac{V_1 - V_2}{R_{\mathrm{G}}} \cdot R_1 \tag{4-18}$$

$$V_6 = V_5 - I_{\mathrm{G}} \cdot R_2 = V_2 - \frac{V_1 - V_2}{R_{\mathrm{G}}} \cdot R_2 \tag{4-19}$$

所以，测量放大器第一级的闭环放大倍数为：

$$A_{\mathrm{f1}} = \frac{V_3 - V_6}{V_1 - V_2} = \left(1 + \frac{R_1 + R_2}{R_{\mathrm{G}}}\right) \tag{4-20}$$

整个放大器的输出电压为：

$$V_{\mathrm{O}} = V_6 \left[\frac{R_7}{R_6 + R_7}\left(1 + \frac{R_5}{R_4}\right)\right] - V_3 \frac{R_5}{R_4} \tag{4-21}$$

为了提高电路的抗共模干扰能力和抑制漂移的影响，应根据上下对称的原则选择电阻，若取
$R_1 = R_2$，$R_4 = R_6$，$R_5 = R_7$，则输出电压为：

$$V_{\mathrm{O}} = \left(\frac{R_5}{R_4}\right)(V_6 - V_3) = -\left(1 + \frac{2R_1}{R_{\mathrm{G}}}\right)\left(\frac{R_5}{R_4}\right)(V_1 - V_2) = -\frac{R_5}{R_4}(V_3 - V_6) \tag{4-22}$$

第二级的闭环放大倍数：

$$A_{\mathrm{f2}} = \frac{V_{\mathrm{O}}}{V_3 - V_6} = -\frac{R_5}{R_4} \tag{4-23}$$

整个放大器的闭环放大倍数为：

$$A_f = \frac{V_O}{V_1 - V_2} = -\left(1 + \frac{2R_1}{R_G}\right)\frac{R_5}{R_4} \tag{4-24}$$

若取 $R_4 = R_5 = R_6 = R_7$，则 $V_O = (V_6 - V_3)$，$A_{f2} = -1$

$$A_f = -\left(1 + \frac{2R_1}{R_G}\right) \tag{4-25}$$

由式（4-25）可看出，改变电阻 R_G 的大小，可方便地调节放大器的增益，在集成化的测量放大器中，R_G 是外接电阻，用户可根据整机的增益要求来选择 R_G 的大小。

此外，由上述推导可见，输出电压 V_O 与输入电压的差值成正比，因此在共模电压作用下，输出电压 $V_O=0$，这是因为共模电压作用在 R_G 的两端不会产生电位差，从而 R_G 上不存在共模分量对应的电流，也就不会引起输出，即使共模输入电压发生变化，也不会引起输出。因此，测量放大器具有很高的共模抑制能力，通常选取 $R_1=R_2$，其目的是抵消由于 A1 和 A2 本身共模抑制比不等造成的误差和克服失调参数及其漂移的影响。

（4）增量数字式 PID 算法

PID 调节又称比例、积分、微分调节器，它具有比例、积分、微分三种调节作用，其中的比例项用于纠正偏差，积分量用于消除系统的稳态误差，微分项用于减小系统超调量，增加系统稳定性，其表达式为：

$$U_t = K_p\left[e_{(t)} + \frac{1}{T_I}\int_0^t e_{(t)}\,dt + T_D\frac{de_{(t)}}{dt}\right] \tag{4-26}$$

式中：$u(t)$——调节器输出信号；

　　　$e(t)$——偏差信号（设定值与检测值之差）；

　　　K_p——调节器的比例系数；

　　　T_I——调节器的积分时间；

　　　T_D——调节器的微分时间。

在计算机控制系统中，为了实现数字控制，必须对式（4-26）进行离散化处理，用数字形式的差分方程代替连续系统的微分方程。令 $t=nT$，T 为采样周期，且由 T 代替微分增量 dt，用误差的增量 $\Delta e(nt)$ 代替 $de(t)$，则：

$$\frac{de_{(t)}}{dt} = \frac{e_{(nT)} - e_{(n-1)T}}{T} = \frac{e_{(n)} - e_{(n-1)}}{T} = \frac{\Delta e_{(n)}}{T} \tag{4-27}$$

$$\int_0^t e_{(t)}\,dt = \sum_{i=0}^{n} e_{(iT)}\cdot T = T\cdot\sum_{i=0}^{n} e_{(i)} \tag{4-28}$$

于是式（4-26）可写成：

$$\begin{aligned}U_{(n)} &= K_p\left\{e_{(n)} + \frac{T}{T_I}\sum_{i=1}^{n} e_{(i)} + \frac{T_D}{T}\left[e_{(n)} - e_{(n-1)}\right]\right\} + U_0 \\ &= U_p(n) + U_I(n) + U_D(n) + U_0\end{aligned} \tag{4-29}$$

由式（4-29）可得：

$$U_{(n-1)} = K_p\left\{e_{(n-1)} + \frac{T}{T_I}\sum_{i=1}^{n-1} e_{(i)} + \frac{T_D}{T}\left[e_{(n-1)} - e_{(n-2)}\right]\right\} + U_0 \tag{4-30}$$

上两式相减得：

$$\Delta U = U(n) - U(n-1) \qquad (4\text{-}31)$$

计算式（4-31）并处理可得

$$\Delta U = K_{p}\left\{e_{(n)} - e_{(n-1)} + \frac{T}{T_{I}}e_{(n)} + \frac{T_{D}}{T}\left[e_{(n)} - 2e_{(n-1)} + e_{(n-2)}\right]\right\} \qquad (4\text{-}32)$$

式（4-32）称为增量式 PID 控制算式。式中的 ΔU 为在第 $n-1$ 次输出的基础上，输出的增加（或减少）量。这种增量式 PID 控制算法在生产实际中比位置式 PID 控制算法更为常用。式（4-32）经简化后的 PID 表达式变为：

$$
\begin{aligned}
\Delta U &= K_{p}[e(n) - e(n-1)] + K_{I}e(n) + K_{D}[e(n) - 2e(n-1) + e(n-2)] \\
&= K_{p}\left\{\left[1 + \frac{T}{T_{I}} + \frac{T_{D}}{T}\right]e_{(n)} - \left(1 + 2\frac{T_{D}}{T}\right)e_{(n-1)} + \frac{T_{D}}{T}e_{(n-2)}\right\} \\
&= Ae_{(n)} + Be_{(n-1)} + Ce_{(n-2)}
\end{aligned} \qquad (4\text{-}33)
$$

式中：$A = K_{p}\left(1 + \dfrac{T}{T_{I}} + \dfrac{T_{D}}{T}\right)$；

$B = -K_{p}\left(1 + \dfrac{2T_{D}}{T}\right)$；

$C = K_{p}\dfrac{T_{D}}{T}$。

最终控制输出为 $U_{(n)} = U_{(n-1)} + \Delta U$。 $\qquad (4\text{-}34)$

4. 实验设计思路

（1）系统的整体构成

为实现对温度的测量与控制，需由温度传感与变换、A/D 转换、键盘与显示、加热输出接口和微处理器等部分组成，如图 4.101 所示。

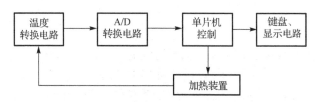

图 4.101 系统设计思路框图

（2）硬件电路方案

① 温度转换电路：可由用 Pt100 或热敏电阻构成的电桥与放大电路组成。

② A/D 转换电路：可采用 ADC0809 转换器模块，它是一个 8 位逐次逼近型 A/D 转换器，可以对 8 个模拟量进行转换，即将模拟量转换为数字量，转换时间约为 100μs。

③ 单片机控制：可采用 MCS-51 系列单片机构成的最小系统。

④ 键盘、显示电路：可采用 8279、HD7279 等键盘、显示接口电路。

⑤ 加热装置电路：通过以大功率三极管 TIP122 构成的开关电路来控制加热器的加热。

（3）软件方案

整个软件有主程序和定时中断服务程序两部分组成，主程序负责定时器、控制参数、LED 显示接口、中断等的初始化，温度值的显示和键盘管理等，其参考流程框图如图 4.102 所示；中断服务程序则负责计时、A/D 采样、温度值的处理与计算、控制算法的运算及输出等，其参考流程框图如图 4.103 所示。

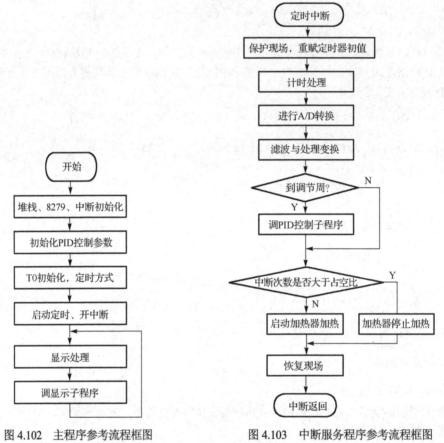

图 4.102　主程序参考流程框图　　　　　图 4.103　中断服务程序参考流程框图

5. 实验路线

温度采集与控制实验的线路连接如图 4.104 所示，整个实验线路分两大部分，第一部分采用实验仪上的 A/D 转换模块、8279 键盘显示接口模块和 LED 指示灯等构成，具体原理及详细线路可参考 4.2.5 节和 4.2.8 节两个实验的说明；第二部分为由实验仪外部的温度测量信号调理模块、输出控制电路模块和一个可插入 Pt100 传感器的加热模块组成，温度测量信号调理模块、输出控制电路模块的具体电路如图 4.105、图 4.106 所示。

6. 实验步骤

（1）按图 4.104 所示，将实验仪上的 A/D 转换模块、8279 键盘显示接口模块和 LED 指示灯等与温度测量信号调理模块、输出控制电路模块和加热模块一起搭建成一个可进行温度采集与控制的实验系统；

（2）编制一个可对温度进行采集与显示的实验程序，对传感器感应的温度进行检测与显示，采用电阻箱按 Pt100 的分度进行校准，校准后接入 Pt100 传感器进行实际温度的测量；

（3）在程序中增加"二位控制"的控制算法，即：当实际测量温度高于设定温度时，停止加热，实际测量温度低于设定温度时，启动加热；观察实测温度值和加热指示灯的变化情况；

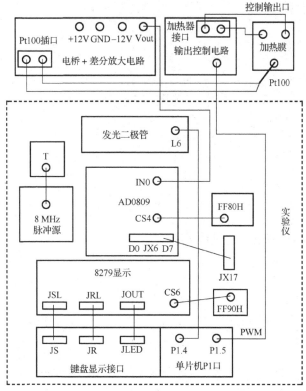

图 4.104　温度采集与控制实验的线路连接图

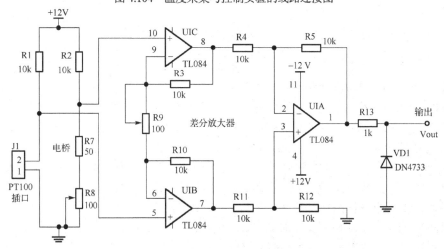

图 4.105　温度测量信号调理电路

（4*）将控制算法改为"PID 算法"，并调整好 PID 参数，再观察实测温度值和加热指示灯的变化情况，并做记录。

7．其他说明

（1）除采用 8279 键盘、显示作为实测温度显示外，可考虑采用其他的显示方案，如 HD7279、8255 键盘、显示接口方案。

（2）为完善系统功能，可在主程序中增加键盘输入设定温度值的功能。

（3）8255、8279 的键盘、显示程序代码可参见附录 B 中的内容。

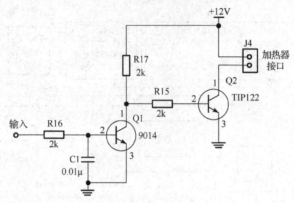

图 4.106　输出控制电路

4.3.14　日历时钟 DS12887 的应用实验

1．实验目的

（1）了解日历时钟芯片 DS12887 的结构及工作原理；

（2）掌握单片机与日历时钟芯片 DS12887 的接口扩展与程序设计方法。

2．实验内容

（1）选择一个键盘、显示接口模块，与 DS12887 日历时钟一起搭建一个日历时钟实验系统；

（2）编写、调试一个基于 DS12887 的电子时钟程序，在键盘、显示模块的 LED 显示器上交替显示实时时钟和日历。

提高要求：编写程序，通过键盘接口对系统的日历和时间进行校准。

3．实验原理

（1）DS12887 的主要功能及特点

DS12887 是 Dallas 公司推出的 8 位并行实时日历时钟芯片，工作电压为 5V。该芯片具有的并行控制功能使其在与微处理器接口时能大大提高 CPU 的工作效率。并且，此芯片的计时精度非常高，25℃的工作环境中误差约为±1min/月。当外部电源电压小于 3V 时，内监控系统将自动切断外部电源，改由内部锂电池供电。在没有外部电源的情况下可工作 10 年以上，不丢失数据。主要特点如下：

① 具有秒、分、时、日、月、年及星期信息，并有闰年补偿功能；

② 时间、日历及定时可编程设定为二进制或十进制形式；

③ 时间可采用 12 小时制或 24 小时制；

④ 114 字节的非易失静态 RAM 可供用户使用；

⑤ 可编程方波输出；

⑥ 三个可屏蔽及测试的中断源，报警中断、周期中断和刷新结束中断。

（2）DS12887 日历时钟芯片的结构

DS12887 日历时钟芯片内部由振荡电路、分频电路、周期中断/方波选择电路、14 字节时钟和控制单元、114 字节用户非易失 RAM、十进制/二进制计数器、总线接口电路、电源开关写保护单元和内部锂电池等部分组成，DS12887 芯片的内部结构如图 4.107 所示。

（3）DS12887 日历时钟芯片的地址分配

DS12887 芯片有 128 个 RAM 单元，地址分配如图 4.108 所示。其中 10 个单元用做存放日历时钟信息，分别存放年、月、日、星期、时、分、秒及闹铃的时、分、秒数据，地址范围为 00H～09H；4 个单元用做控制寄存器，分别为寄存器 A、B、C、D，地址范围为 0AH～0DH，它们在任何时间都可访问，即使更新周期也不例外；114 字节为用户通用 RAM，地址范围为 0EH～7FH，这些单元可作为一般存储单元使用，且具有掉电保护功能。

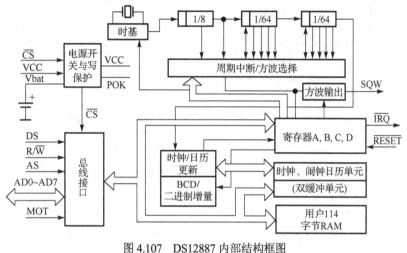

图 4.107　DS12887 内部结构框图

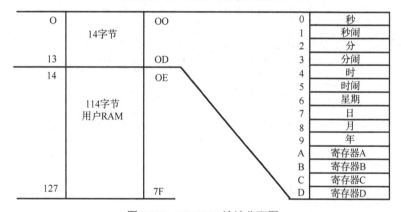

图 4.108　DS12887 地址分配图

（4）DS12887 的控制和状态寄存器。

如前所述，DS12887 芯片内部有 4 个控制和状态寄存器，各寄存器的定义如图 4.109～图 4.112 所示。

① 寄存器 A（控制寄存器）

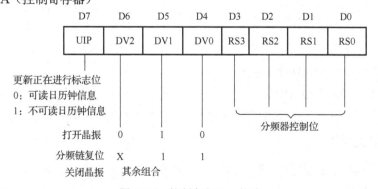

图 4.109　控制寄存器 A 格式

② 寄存器 B（控制寄存器）

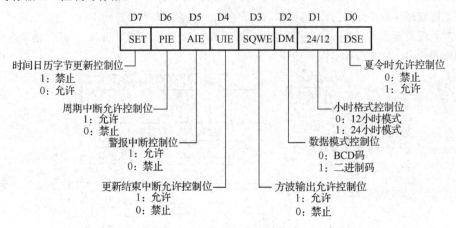

图 4.110　控制寄存器 B 格式

③ 寄存器 C（状态寄存器，只读）

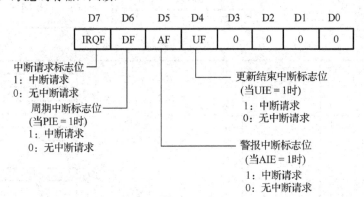

图 4.111　状态寄存器格式

④ 寄存器 D（内部锂电池状态标志，只读）

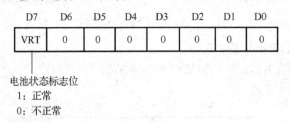

图 4.112　内部锂电池状态标志格式

⑤ DS12887 与 MCS-51 单片机的接口

DS12887 日历时钟芯片与 AT89C51 单片机的接口电路如图 4.113 所示，其中，$\overline{IRQ}$ 接单片机的 INT0，AS 接单片机的 ALE，$\overline{DS}$ 接单片机的 $\overline{RD}$，$\overline{CS}$ 接 P2.7 或其他地址译码信号。

4．参考电路及连线

DS12887 时钟实验的线路连接如图 4.114 所示，整个实验分两部分，一部分是 DS12887 的电路连线，另一部分为串口驱动的 LED 显示电路，也可采用其他键盘、显示接口电路来实现时钟信息的显示与校准，如 8279、HD7279 等接口电路。另外，FE00H 译码线连到了 $\overline{CS}$ 端，DS12887 芯片内部 RAM 单元的地址为 FE00H～FE7FH。

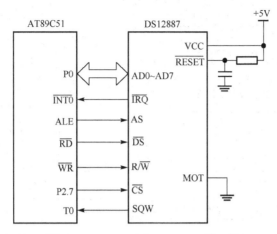

图 4.113　DS12887 与 AT89C51 接口图

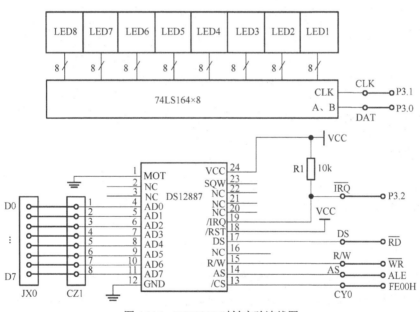

图 4.114　DS12887 时钟实验连线图

5. 参考流程框图

DS12887 时钟实验的参考流程框图如图 4.115 所示。为提高 CPU 效率，软件采用中断方式读取 DS12887 内的时间、日历信息。

6. 实验步骤

（1）按图 4.114 所示搭建实验线路，用排线将实验仪的 JX0 连至模块的 CZ1 插座，将译码信号 FE00H 连至模块的 CY0，同时连接好 $\overline{RD}$、$\overline{WR}$、ALE、INT0 和键盘显示接口的连线；

（2）编写、调试、运行程序，观察 LED 显示器显示的日历时钟信息的变化情况；

（3）增加通过键盘校准时钟、日历的软件程序，对 DS12887 进行校准，并观察 LED 显示器显示的日历时钟信息的变化情况。

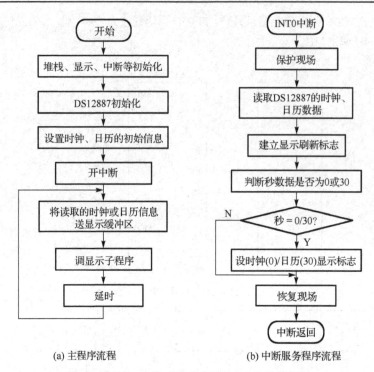

(a) 主程序流程　　　　　(b) 中断服务程序流程

图 4.115　DS12887 时钟实验的程序参考流程框图

4.3.15　语音的录、放控制实验

1. 实验目的

（1）了解语音芯片 ISD1420 录、放音工作原理；

（2）掌握应用单片机实现控制语音芯片 ISD1420 进行分地址录音、放音等功能的硬、软件设计方法。

2. 实验内容

（1）搭建一个基于 ISD1420 语音芯片的单片机控制录音、放音实验系统；

（2）把语音芯片 ISD1420 录、放音时间按 1s 间隔分成 20 段（每段 1s），调用录音控制子程序，录入语音，建立语音库；

（3）语音录入结束后，根据段地址，调用放音子程序，播放原录入的语音信号。

3. 实验原理

ISD1420 芯片是由美国信息存储器件公司推出的 ISD 系列语音芯片中的一种。该芯片使用的外围元器件比较简单，仅需要少量的阻容元器件、麦克风即可组成一个完整录放系统；由于使用模拟信息的形式存储语音，使得重放音质极好，并有一定的混响效果，存储时间长，录放次数达 10 万次，保持信息时间可达 100 年；操作简单，无须专用编程器及语音开发器；可持续放音，也可分段放音，最多可分为 160 段。

ISD1420 的内部结构组成如图 4.116 所示。它包括时钟振荡器、128k 可编程电擦除只读存储器（EEPROM）、低噪前置放大器、自动增益控制电路、抗干扰滤波器、差分功率放大器等。

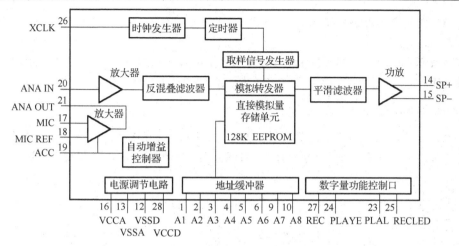

图 4.116   ISD1420 内部结构框图

芯片采用 DIP28 封装，各引脚定义如表 4.17 所示。

表 4.17   ISD1420 芯片引脚定义

名　　称	引　　脚	功　　能	各　　称	引　　脚	功　　能
A0～A5	1～6	地址	Ana Out	21	模拟输出
A6、A7	9、10	地址（MSB）	Ana In	20	模拟输入
VCCD	28	数字电路电源	AGC	19	自动增益控制
VCCA	16	模拟电路电源	Mic	17	麦克风输入
VSSD	12	数字地	Mic Ref	18	麦克风参考输入
VSSA	13	模拟地	$\overline{PLAYE}$	24	放音、边沿触发
SP+、SP–	14、15	扬声器输出+、–	$\overline{REC}$	27	录音
XCLK	26	外接定时器（可选）	$\overline{RECLED}$	25	发光二极管接口
NC	11	空脚	$\overline{PLAYE}$	23	放音、电平触发

表中 A0～A7 地址输入有双重功能，根据地址中的 A6、A7 的电平状态决定功能。如果 A6、A7 有一个是低电平，A0～A7 输入全被解释为地址位，作为起始地址用，如表 4.18 所示。根据 PLAYL、PLAYE 或 REC 的下降沿信号，地址输入被锁定。

表 4.18   地址功能表

	地址状态								功能说明（ON=0, OFF=1）
	1	2	3	4	5	6	7	8	
地址位	A0	A1	A2	A3	A4	A5	A6	A7	（1 为高电平，0 为低电平，*为高或低电平）
地址模式	0	0	0	0	0	0	0	0	一段式最长 20s 录放音，从首地址开始 以 8 位二进制表示地址，每个地址代表 125ms 只要 A6、A7 有一位是 0，就处于地址模式
	1	0	0	0	0	0	0	0	
	0	0	0	0	0	0	1	0	
	*	*	*	*	*	*	*	0	
	*	*	*	*	*	*	0	*	

A0～A7 由低位向高位排列，每位地址代表 125ms 的寻址，160 个地址覆盖 20s 的语音范围（160×0.125s=20s）。

录音及放音功能均从设定的起始地址开始，录音结束由停止键操作决定，芯片内部自动在该段的结束位置会插入结束标志（EOM）；而放音时芯片遇到 EOM 标志即自动停止放音。

4．参考电路及连线

ISD1420 语音录、放控制实验电路连线如图 4.117 所示，该线路可进行手动录放和单片机控制录放。当开关 KC 拨至"HC"时，进行手动录、放音，拨至"MC"时，进行单片机控制录、放音。

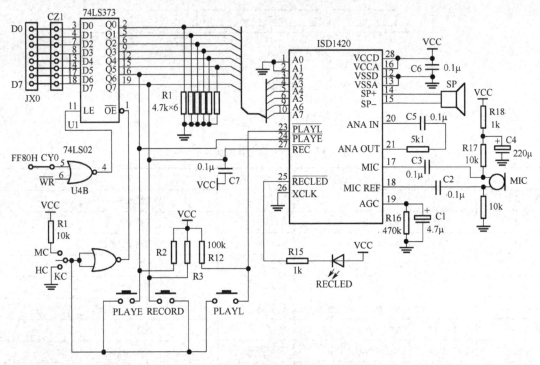

图 4.117　语音录、放控制实验电路连线图

5．参考流程框图

ISD1420 语音控制实验程序的参考流程框图如图 4.118、图 4.119 所示。为实现 20 段录、放音的控制，可先设计好各段的录音控制码和放音控制码，并定义成数组，以便在程序中查表使用。

6．实验步骤

（1）利用 ISD1420 录、放音实验模块搭建所需的实验系统，将实验仪上 JX0 与模块的 CZ1 用排线进行连接，模块上的 CY0 连至 FF80H。

（2）将模块上的 KC 开关拨向 MC 一侧，选择单片机控制方式，若开关拨向另一侧则为 HC 方式，即手动控制方式。

（3）语音录、放控制操作。

① 编写录音程序：调试并运行录音程序，在实验板上的 RECLED 发光二极管点亮期间，对准麦克风 MIC 进行语音录音，总共点亮 20 次，每次 1s。可依次录入语音 0～19 段。

② 编写放音程序：设定播放的段地址，运行放音程序，播放存于 ISD1420 所有各段语音。

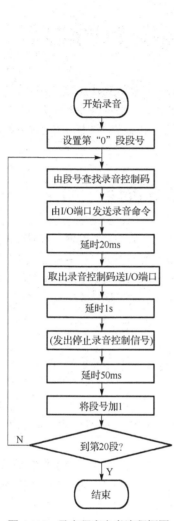

图 4.118　录音程序参考流程框图

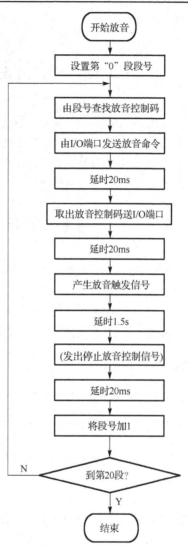

图 4.119　放音程序参考流程框图

第5章　单片机应用系统设计实践

在完成单片机技术课程学习，并掌握单片机技术基本原理及实践操作能力之后，通过本章所列设计项目的训练，进一步将所学的单片机技术知识与能力融会贯通；通过将各小模块整合成能完成某些具体功能的系统，进一步锻炼独立设计、制作和调试单片机应用系统的能力，领会单片机应用系统的软、硬件调试方法和系统研制开发的过程。

5.1　单片机应用系统设计

单片机应用系统是以单片机为核心，配以适当的外围电路和软件，能实现一种或多种测量与控制功能的系统。它由硬件和软件两部分组成。硬件是整个系统的物理基础，它由单片机及其扩展的存储器、接口电路和外围设备等组成；软件是在硬件基础上为系统所要完成的功能而编写的各种应用程序和监控系统。单片机应用系统设计主要分硬件设计、软件设计、抗干扰设计等几个方面。

5.1.1　系统设计过程

单片机应用系统设计通常需经过以下 5 个阶段。

1．明确任务、需求分析及拟定设计方案

明确任务即明确系统需要完成的任务，需要达到的功能；只有明确了任务才能制定出正确的方案，才不会做无用功，这是非常重要的。

需求分析即是分析系统为了实现功能需要考虑涉及的各种因素，如被测控参数的形式（电量、非电量、模拟量、数字量等）、被测控参数的范围、性能指标、人机接口界面、工作环境等。

拟定设计方案是根据任务的要求，先确定大致方向和准备采用的手段。

2．硬件和软件设计

1）硬件设计

根据拟定的设计方案，设计出相应的系统硬件电路。硬件电路必须是能够完成系统的功能、性能和可靠性的要求。

系统硬件设计中，应注意以下几个方面的问题：

① 尽可能选择标准化、模块化的典型电路，提高系统的灵活性；

② 尽可能选择功能强、集成度高、标准化的集成电路芯片，提高系统的可靠性、降低硬件成本；

③ 选择通用性强、市场货源充足的元器件，增强系统的可维护性；

④ 在系统设计中，应留有一定的余量，尤其是在进行存储器扩展和 I/O 接口扩展时，为后期系统的升级和维护打下基础；

⑤ 在系统设计的工艺上，要考虑整个系统的安装、调试和维护的方便性；

⑥ 在硬件设计中，还要针对系统运行的可靠性，在硬件上考虑系统的抗干扰措施。

硬件设计包括以下几个部分。

（1）单片机的选型

在满足系统性价比的条件下，尽可能采用性能强的单片机，可省去许多外围部件的扩展工作，使设计得到简化。

（2）存储器的选择

优先选用内带闪烁存储器的产品，避免盲目扩大存储器容量，在满足容量要求的条件下，使用大容量的存储器芯片，以减少芯片数目。

（3）输入/输出（I/O）接口

可分为串行接口、并行接口、A/D 接口、D/A 接口等，根据系统要求，可在单片机芯片本身不具备或不能满足其要求时，再进行扩展。

扩展 I/O 接口要留有余地。预防在调试或现场测试时端口损坏或临时出现需要有其他的信号输入、输出等的状况。

（4）译码电路

是外部扩展电路时所必需的，译码电路应尽可能简单，要合理分配存储空间，适当选择译码方式。

（5）总线驱动器

由于单片机端口负载能力有限，当单片机外部扩展器件比较多，负载过重时，就要考虑设计总线驱动器，以提高单片机端口的驱动能力；否则，会使系统不能正常工作，甚至会损坏单片机的端口。

（6）抗干扰电路

对于不同的干扰源，需设计相应的抗干扰电路。如可采用隔离放大器、光电隔离器件来抗共地干扰，采用差分放大器抗共模干扰，采用平滑滤波器抗噪声干扰，采用屏蔽手段抗辐射干扰，等等。

2）软件设计

当系统的硬件电路设计定型后，软件的方案也就明确了。设计软件时，应注意以下几个方面的问题：

① 采用模块化设计方法，将系统软件分成若干相对独立的部分，各功能程序实现模块化、子程序化，使软件总体结构清晰、简洁，流程合理，既便于调试、链接，又便于修改；

② 合理分配系统资源，包括存储器、定时器、中断源等；

③ 在编写程序过程中，应养成添加注释的习惯，提高程序的可读性；

④ 在软件设计过程中也要进行抗干扰设计，以增加系统工作的稳定性和可靠性。

软件设计步骤如下。

（1）分析设计任务，确定设计方案及算法

弄清要解决什么问题，已知的数据、条件和数据格式是什么，最后要得到或输出什么，然后再确定通过什么方法（或算法）来实现。

（2）根据算法，绘制出程序流程框图

通过绘制程序流程图把前面确定的算法和具体实现的步骤具体化，从而把程序中具有一定功能的各部分有机地联系起来，为编写程序代码明确要求。这个环节十分重要，这样编写程序代码可少走弯路，速度快，软件编写者一定要克服不绘制流程图直接在计算机上编写程序的习惯。

（3）安排需要的寄存器、存储空间、变量或端口

（4）编写程序代码

根据程序流程图所细化的算法和步骤，合理选择适当的指令或语句组合，构成一个功能相对完整的程序模块。

另外，单片机应用系统是一个整体，系统的软、硬件是相辅相成的，设计时应统一考虑，相互配合。当有些问题在硬件电路中无法完成时，可考虑由软件来完成，如某些滤波、校准功能等；当编写程序很麻烦时，通过适当改动硬件电路可能就会使软件变得相对简单；在一些要求系统实时性强、响

应速度快的场合，则往往需用硬件代替软件来完成某些功能，所以软、硬件结合起来统一考虑，合理安排软、硬件的实现方案，可使系统具有最佳的性价比。

3．抗干扰设计

系统的抗干扰性能是衡量系统可靠性的重要指标，其直接影响着系统运行的性能。抗干扰措施可分为硬件抗干扰和软件抗干扰。

1）硬件抗干扰

根据系统中产生干扰源的不同，如电磁、I/O 通道、供电系统干扰等，应采用相应的抗干扰措施，如对输入/输出通道干扰，可在单片机前端输入接口或单片机后端输出接口处，采用隔离（光电耦合器、继电器、隔离变压器、隔离放大器等）的办法加以抑制；对供电系统干扰，可将单片机系统的供电电路与其他电气设备分开供电，采取独立供电措施等。

2）软件抗干扰

为了提高单片机系统工作的可靠性，需要借助于软件措施来克服某些干扰，对于数字 I/O 通道上的干扰，可采用重复采集，多次输出同一数据的方法来加以消除；对于模拟输入通道上的干扰，可采用数字滤波，如算术平均滤波、滑动平均滤波、中值法滤波、中值平均法滤波等的方法来加以消除；对于 CPU 的干扰，可采用指令冗余、软件"看门狗"和软件陷阱等方法来提高抗干扰的能力。

4．系统的仿真与调试

1）系统仿真

（1）虚拟仿真

在软、硬件设计工作完成后，可使用单片机的 EDA 软件仿真开发工具 Proteus 进行单片机系统的仿真设计。Proteus 是一种无须任何硬件支持，完全用软件手段对单片机硬件电路和软件进行设计、开发与仿真调试的工具，它是单片机系统虚拟仿真开发工具，关于 Proteus 的功能及使用见 5.1.3 节有关仿真软件 Proteus 的介绍。采用仿真工具调试通过的单片机系统硬件电路和软件只是在理想的环境下进行的虚拟仿真，还不能说明实际状况下系统完全能通过，但至少在电路原理和编程逻辑上是可行的。经仿真调试通过后，再进行电路的制作和焊接，这样可在设计上少走弯路，少些浪费，这也是目前较为流行的一种开发设计方法。

（2）在线仿真

单片机应用系统的应用程序一次调试运行就成功的可能性很小，或多或少会存在一些软、硬件上的错误，通过仿真功能的开发工具进行调试来发现问题并改正是必要的。实现硬件仿真功能的开发工具称为仿真器。一般仿真器具有以下基本功能：

① 用户程序可在线输入、下载和修改；

② 可进行程序的运行、调试（单步、断点、全速运行）、状态查询等；

③ 有较全的开发软件，用户可用汇编语言或 C 语言编写应用程序；通过开发系统编译、链接生成目标文件、可执行文件；配有反汇编软件，能将目标程序转换成汇编语言程序；有丰富的子程序或库函数，用户可根据需要选择调用；

④ 可将最终调试正确的程序固化到芯片的程序存储器中；

⑤ 可以仿真标准的 AT89C51、AT89C52 等 MCS-51 内核的单片机。

在线仿真有软件仿真和硬件仿真两类，软件仿真无须硬件电路支持，就可以对程序的正确性进行验证，适合算法类的程序。硬件仿真是要在硬件电路的基础上进行程序的运行、调试，如单步、断点、全速等。

目前，有些单片机内嵌了仿真功能，选择这类单片机，在进行单片机实验和应用系统的开发设计时，仿真提供了很大的方便。

总之，单片机应用系统的软、硬设计都要经过在线仿真的调试来发现问题，改正错误，从而得到实际的、可用于生产或试验的应用系统。

2）系统调试

系统调试用来检测所设计的单片机应用系统的正确性和可靠性。

（1）硬件调试

系统硬件电路焊接完后，便可进行调试。首先进行静态检查，然后进行在线仿真动态调试。

静态检查可分两步进行。

① 电路在加电前，按照电路原理图，用万用表等工具，仔细检查各线路连接是否正确，是否有错焊或漏焊；并核对元器件的型号、规格和安装是否符合要求，芯片有无插错或插反。重点检查系统总线之间有无短路或与其他信号线短路的现象；特别注意电源的检查，防止电源正、负极短路或极性接反。

② 电路加电前检查无误后开始上电，加电后检查各元器件上电源是否正确。单元电路输出信号是否达到要求。检查相应芯片逻辑关系，芯片逻辑关系的检查通常采用静态电平检查法，即在芯片信号的输入端加入一个相应的电平，检查输出端输出电平是否正确，是否符合其数字逻辑关系，若不正确，要查明原因或更换元器件，确保各元器件能正常工作。

（2）在线仿真动态调试

静态检查只是对系统硬件电路进行初步的调试，排除一些明显的故障，然而往往有些硬件故障是不容易用肉眼看见的，如各部件内部存在的故障、部件与部件之间连接的逻辑错误等，还要靠联机在线仿真来排除。在线仿真动态调试必须是软、硬件联合调试，利用仿真开发系统对硬件部分进行检查，常是编写相应简短的实验程序来检查各单元电路功能及逻辑是否正确，如：检查单片机扩展的 8255 接口是否正确时，可先将 8255 的 PA、PB、PC 三个 8 位口分别接开关和发光二极管电路，然后编写控制程序，进行在线仿真动态调试，得出结果。程序中首先对 8255 初始化，然后对其端口进行读/写操作；当能正确读入开关状态，正确点亮发光二极管时，说明此接口电路功能正常。以此类推，进行下个单元电路的调试，直到全部接口单元的功能正常为止。

经上述 4 步过程，将所有硬件电路和软件程序全部调试通过后，将正确程序代码固化到单片机内的程序存储器中，通过实际运行检查其运行结果，功能正确、性能达到才意味着完成单片机应用系统的设计与调试。

5. 资料整理、撰写报告

将整个设计过程的资料整理好，如电路原理图、程序流程框图、程序清单、测试数据等资料，按要求写出设计报告。

5.1.2　C51 程序设计要点

在单片机应用系统设计与开发中，C51 是目前普遍使用的一种程序设计语言，C51 在标准 C 语言的基础上，根据单片机存储器的硬件结构及内部资源，扩展了相应的数据类型和变量，而 C51 在语法、程序结构和方法上都与标准 C 相同。下面简要介绍 C51 与标准 C 之间存在的主要差异。

1. 数据类型

C51 支持的基本数据类型如表 5.1 所示。

表 5.1　C51 基本数据类型

数 据 类 型	位数	字 节 数	数 值 范 围
bit	1		0/1
sbit	1		80H～FFH
sfr	8	1	
sfr16	16	2	
unsigned char	8	1	0～255
signed char	8	1	−128～+127
unsigned int	16	2	0～65535
signed int	16	2	−32768～+32767
unsigned long	32	4	0～4294967295
signed long	32	4	−214748364～+2147483647
float	32	4	±1.176E−38～±3.40E+38（6 位有效数）
double	64	8	±1.176E−38～±3.40E+38（10 位有效数）
指针	24	1～3	存储空间 0～65535

从表 5.1 可见，C51 在标准 C 的基础上，根据其内部寄存器和存储空间的特点，扩展了 4 种新的数据类型，具体如下。

1）位变量 bit

bit 的取值只能是 1 或 0，可以像标准 C 的其他数据类型一样声明变量。在程序中常作为标志使用，在单片机内它存储在位空间。

例如：

```
bit flag1,overvolt;        // 定义了两个位变量
```

2）特殊功能寄存器（定义）sfr

MCS-51 单片机的特殊功能寄存器分布在片内数据存储空间的 80H～FFH 之间，C51 为能通过名称访问它们，采用 sfr 将特殊功能寄存器的名称和地址之间建立起联系。其格式为：

```
sfr  name = sfr_Address;
```

其中 name 为要定义的特殊功能寄存器的名称，sfr_Address 为其对应的地址。例如：sfr P1 = 0x90；这一语句定义了 P1 口的地址。在程序中便可通过 P1 这一符号实现对 P1 端口的读/写。

具体型号的 CPU，其内部配置的特殊功能寄存器差异较大，一般情况下，会将具体型号 CPU 的所有特殊功能寄存器的 sfr 定义放入一个 "***.h" 头文件，编程时只需将该定义文件用 "#include <***.h>" 包含，就可以直接引用特殊功能寄存器名。在 Keil μVision 中就有如 REG51.H，REGX52.H…… 等一系列特殊功能寄存器说明文件供使用。

3）16 位特殊功能寄存器（定义）sfr16

sfr16 的格式、功能及作用与 sfr 类似，不同之处在于它是用于定义占两字节的特殊功能寄存器的，如 sfr T2 = 0xCC。注意，等号后的地址是低 8 位字节的地址。

4）特殊功能位（定义）sbit

MCS-51 系列单片机中，地址为*8H、*0H 的特殊功能寄存器，其各位是可位寻址的，它们构成了位空间的后 128 个位寻址单元，而且每个位地址还有对应的名称。C51 为能通过名称来访问这些位单元，采用 sbit 来将位寻址单元的名称和位地址之间建立联系。其格式为：

```
sbit bit_name = bit_Address;
```

其中 bit_name 为要定义的位寻址单元的名称，bit_Address 为其对应的位地址。例如：sbit CY = PSW^7；这一语句定义了进位标志 CY 的地址。在程序中便可通过 CY 这一符号实现对进位标志 CY 的使用。

使用 sbit 来定义位寻址单元有三种方式，仍以 CY 的定义为例，下列三种定义是等效的。

```
（1）sfr  PSW = 0xD0;            // 先定义特殊功能寄存器 PSW
     sbit  CY = PSW^7;           // 再根据 CY 在 PSW 中的位号来定义 CY
（2）sbit  CY = 0xD0^7;          // 利用 PSW 的直接地址来定义
（3）sbit  CY = 0xD7;            // 直接利用 CY 的位地址来定义
```

在 Keil μVision 的特殊功能寄存器说明文件中，所有的位寻址单元都会被定义，在程序中便可通过位寻址单元的名称来进行访问。

2. 变量

变量是 C 语言程序设计中重要的概念，在数据处理或程序运行控制中都要用到变量。C51 中的"变量"除与标准 C"变量"在概念、特性和使用上一致外，由于 MCS-51 单片机存储空间的特殊性，C51 中的"变量"有其自身的特殊性。

1）变量声明格式

C51 中变量的声明格式如下所示：

[存储类说明] **类型说明符** [修饰符] **标识符** [=初值] [,标识符 [=初值]]……;

格式中"类型说明符"和"标识符"与标准 C 是一致的，"标识符"就是变量的名称，即"变量名"，而"类型说明符"则是变量的数据类型，可以选择表 5.1 数据类型中的任一种类型，或由 typedef 定义的别名，或构造数据类型。如 char，int ……等。例如：int Count，声明了一个名为 Count 的整型变量。

除此之外，C51 可在"类型说明符"前添加变量的"存储类说明"，在"标识符"前添加"修饰符"，以说明具体变量的存储空间及特性。

2）存储类说明符

存储类说明符用于指定被说明变量所在内存区域的属性，分别为 auto、register、extern 和 static。具体如下。

① auto（自动存储类）指定被说明的变量放在内存的堆栈中。

② register（寄存器存储类）指定将变量放在 CPU 的寄存器中，当无可用的寄存器时，将使用默认的存储空间。

③ extern（外部存储器类）用于多文档结构中，在相应 c 文档中包括的扩展名为 h 的头文件内说明变量为可供其他函数存取的全局变量。

④ static（静态存储类）用于指定该变量为内部（函数内）或外部（文件内）的静态变量。

无特殊要求，一般不进行存储类说明。在多文档结构中，常使用 extern。

3）修饰符

修饰符用以说明具体变量的存储空间及特性，可分别为：data、idata、pdata、xdata、code、bdata、const 和 volatile。具体如下。

① data（片内直接寻址 RAM 区），指示被修饰的变量或指针存放在片内直接寻址 RAM 区，存取速度最快。

如：

```
    unsigned char data Number;          // Number 存放在片内直接寻址 RAM 区
```

② idata（片内间接寻址 RAM 区），指示被修饰的变量或指针存放在片内间接寻址 RAM 区，可访问片内全部 RAM 空间。

如：

```
    unsigned int idata Current;          // Current 存放在片内间接寻址 RAM 区
```

③ pdata（片外分页寻址 RAM 区）指示被修饰的变量或指针存放在片外分页寻址 RAM 区，用 MOVX A，@Ri 和 MOVX @Ri，A 指令。

如：

```
    float pdata Volt;          // Volt 存放在片外分页寻址 RAM 区
```

④ xdata（片外数据存储区），指示被修饰的变量或指针存放在片外数据存储区，用 MOVX @DPTR，A 和 MOVX A，@DPTR 指令。

如：

```
    float xdata flow;          // flow 存放在外数据存储 RAM 区
```

⑤ code（程序 ROM 区）指示被修饰的变量或指针存放在程序 ROM 区，用 MOVC A，@DPTR 指令。

如：

```
    extern unsigned char code Table;          // Table 存放在程序 ROM 区
```

⑥ bdata（片内可位寻址的 RAM 区）指示被修饰的变量或指针存放在片内可位寻址的 RAM 区，可按字节寻址，也可按位寻址。

⑦ const（常量）指示被修饰的变量或指针为常量。

```
    int  const *ptr          //说明指针指向的对象是常量
    int  *const ptr          //说明指针本身是常量
```

⑧ volatile（易失性修饰符）对用 volatile 修饰的变量，将禁止编译系统对其进行优化。这一修饰符将与 data、idata……等存储区修饰符一起使用。

如：

```
    unsigned int volatile idata Current;
```

上述修饰符为可选，如果没有，变量的存储空间取决于编译时选用的存储模式。

3. 数组

C51 中数组的定义与标准 C 相同，如一维数组的定义为：

```
    类型说明符  数组名[常量表达式];
```

类型说明符为 C51 支持的数据类型，如 char、float……等。常量表达式则为数组元素的个数，即数组长度。类似地，可根据需要定义二维、三维、多维数组等。前述变量声明格式中的修饰符亦可用于修饰数组，以确定数组存放的存储空间。

如：

```
    unsigned char xdata hx_jg[16];     // 在外部 RAM 区定义了 16 单元的数组
```

考虑到数组一般占用的单元较多，而单片机内部 RAM 单元有限，所以要慎重声明数组，特别是在内部 RAM 区。

4. 基本运算

C51 的基本运算与标准 C 类似，主要包括算术运算、关系运算、逻辑运算、位运算和赋值运算及其表达式等。

1）算术运算符
- +加法运算：如 x = Current + 8；
- −减法运算：如 y = Volt − 40；
- * 乘法运算：如 Power = x * y；
- ／除法运算：两个整数相除，结果为整数，舍去小数，如 z = x / y；
- %求模运算：或取余运算，要求两侧均为整数，如 u = z % 16；
- ++自增 1：
  ① 如 ++i：在使用 i 之前，先使 i 值加 1。若 i=2，则执行 x = ++i 后，结果为 i =3，x=3。
  ② 如 i++：在使用 i 之后，再使 i 值加 1。若 i=2，则执行 x= i++后，结果为 i=3，x=2。
- −−自减 1：
  ① 如−−i：在使用 i 之前，先使 i 值减 1。若 i=5，则执行 x=−−i 后，结果为 i=4，x=4。
  ② 如 i−−：在使用 i 之后，再使 i 值减 1。若 i=5，则执行 x = i−−后，结果为 i=5，x=4。

2）关系运算符
- ＞ 大于
- ＜ 小于
- ＞= 大于或等于（不小于）
- ＜= 小于或等于（不大于）
- == 等于
- != 不等于

3）逻辑运算符
- && 　逻辑与
- ‖ 　逻辑或
- ! 　逻辑非

4）位运算
- & 　按位逻辑与
- | 　按位逻辑或
- ^ 　按位异或
- ~ 　按位取反
- << 　按位左移
- >> 　按位右移

5）指针和取地址运算符
C 语言中提供了两个专门用于指针和取地址的运算符。
- * 　取内容
- & 　取变量的地址

取内容和取地址一般形式分别为：

```
变量 = *指针变量
指针变量 = & 目标变量
```

取内容运算是将指针变量所指向的目标变量的值赋给左边的变量；取地址运算是将目标变量的地址赋给左边的变量。注意，指针变量中只能存放地址（也就是指针型数据），一般情况下不要将非指针类型的数据赋值给一个指针变量。

5. 分支与循环控制结构

与标准 C 一样，C51 的基本程序结构分为顺序、选择和循环三大类。

1）顺序结构

顺序结构是 C 语言程序中最基本、最简单的一种程序结构，这种结构中，程序从头开始一步步向后执行，没有分支、没有循环。

2）选择结构

C 语言中，实现选择控制的语句有 if 语句和 switch 语句。

（1）if 语句

if 语句是先判定"条件"是否满足，然后根据判定的结果来决定执行哪部分操作，if 语句有三种形式的基本结构。

①

```
if (条件表达式)
{
    语句；
}
```

括号中的条件表达式成立时，程序执行花括号内的语句，否则程序跳过花括号中的语句部分，而直接执行下面的其他语句。

例如：

```
alarm = 0;
if ( volt > 250)
{
    alarm_bit = 1;
}
```

②

```
if (条件表达式)
{
    语句组 1；
}
else
{
    语句组 2；
}
```

括号中的表达式成立时，程序执行第一个花括号内的语句组 1，否则程序执行另一花括号内的语句组 2，然后再执行后面的其他语句。

例如：

```
if ( volt > 250)
```

```
{
    alarm_bit = 1;
    display("Error 1");
}
else
{
    Alarm_bit = 0;
    display("OK!");
}
```

③

```
if (条件表达式 1)
{
    语句组 1；
}
else if (条件表达式 2)
{
    语句组 2；
}
else if （表达式 3）
{
    语句组 3；
}
...
else
{
    语句组 n；
}
```

本形式相当于串行多分支选择结构，与②的用法类似。

在 if 语句中又可含有一个或多个 if 语句，这称之为 if 语句的嵌套。应当注意：if 与 else 的对应关系，else 总是与它前面最近的一个 if 语句相对应。

（2）switch 语句

switch 语句是个多分支选择语句。一般形式如下：

```
switch （表达式 1）
{ case  常量表达式 1：
    {
        语句组 1；
        break;
    }
    case  常量表达式 2：
    {
        语句组 2；
        break;
    }
    ...
    case  常量表达式 n：
```

```
        {
            语句组 n;
            break;
        }
    default:
        {
            语句组;
            break;
        }
    }
```

注意：

① 每个 case 的常量表达式必须互不相同，否则将出现混乱。

② 各个 case 和 default 出现的次序不影响程序执行的结果。

③ 当 switch 括号内表达式的值与某 case 后面的常量表达式的值相同时，就执行它后面的语句，遇到 break 语句，则退出 switch 语句。若所有 case 中的常量表达式的值都没有与 switch 语句表达式值相匹配时，就执行 default 后面的语句。

3）循环控制语句

C51 中控制循环结构的语句有 while 语句，do-while 语句和 for 语句三种。

（1）while 语句

while 语句形式为：

```
    while（表达式）
      {
          循环体语句;
      }
```

表达式是 while 循环能否继续的条件，如果表达式为真，就重复执行循环体语句；反之，则终止循环体内的语句。

while 循环结构的特点在于，循环条件的测试在循环体的开头，要想执行重复操作，首先必须进行循环条件的测试，如果条件不成立，则循环内的重复操作一次也不被执行。

（2）do-while 语句

do-while 语句形式为：

```
    do
    {
        循环体语句;
    }
    While（表达式）;
```

do-while 语句的特点是先执行内嵌的循环体语句，再计算表达式，如果表达式的为"真"，则继续执行循环体语句，直到表达式的值为"假"时结束循环。

由 do-while 构成的循环与 while 循环十分相似，它们之间的重要区别是：while 循环的控制出现在循环之前，只有当 while 后面表达式的值"真"时，才可能执行循环体，在 do-while 构成的循环中，总是先执行一次循环体，然后再求表达式的值，因此无论表达式的值是 0 还是非 0，循环体至少要被执行一次。

和 while 循环一样，在 do-while 构成的循环中，要有能使 while 后面表达式的值变为"假"的操作，否则，循环体会无限制地执行。

（3）for 语句。

for 语句循环的一般形式为：

```
for（表达式 1；表达式 2；表达式 3）
    {
        循环体语句；
    }
```

for 是 C51 的关键字，其后的括号中通常含有三个表达式，表达式之间用";"隔开。这三个表达式可以是任意形式的表达式，主要用于 for 循环的控制，紧跟在 for（）之后的是循环体。

for 语句的执行过程如下：

① 计算"表达式 1"，表达式 1 通常称为"初值设定表达式"；

② 计算"表达式 2"，表达式 2 通常称为"初值条件表达式"，若满足条件，转下一步，若不满足条件，则转步骤⑤；

③ 执行一次 for 循环体；

④ 计算"表达式 3"，表达式 3 通常称为"更新表达式"，转向步骤②；

⑤ 结束循环，执行 for 循环之后的语句。

下面对 for 语句的几个特例进行说明。

① for 语句中的括号内的三个表达式全部为空。格式如下：

```
for（；；）
{
    循环体语句；
}
```

在括号内只有两个分号，无表达式，这意味着没有设定初值，无判断条件，循环变量无增值，它的作用相当于 while(1)，这将导致一个无限循环，一般在编程时，若需要无限循环，可采用这种形式的 for 循环语句。

② for 语句的三个表达式中，表达式 1 省略。

如：

```
for( ; i<=100; i++)
  sum = sum + i;
```

即不对 i 设初值。

③ for 语句的三个表达式中，表达式 2 省略。

如：

```
for( i=1; ; i++)
  sum = sum + i;
```

即不判断循环条件，认为表达式始终为真，循环将无休止地进行下去。

④ for 语句的三个表达式中，表达式 1、表达式 3 省略。

如：

```
for(;i<=100;)
    {
```

```
        sum=sum+i;
        i++;
    }
```

⑤ 没有循环体的 for 语句。

如

```
    int  a=1000;
    for(t=0;t<a,t++)
    {;}
```

（4）break 语句、continue 语句和 goto 语句

在循环体语句执行过程中，如果在满足循环判定条件的情况下跳出代码段，可以使用 break 语句或 continue 语句；如果要从任意地方跳转到代码的某个地方，可以使用 goto 语句。

① break 语句

在循环结构中，可应用 break 语句跳出本层循环体，从而立刻结束本层循环。

② continue 语句

continue 语句的作用及用法与 break 语句类似，区别在于：当前循环遇到 break 时直接结束循环，若遇上 continue，则停止当前这一层循环，然后直接尝试下一层循环，可见，continue 并不结束整个循环，而仅仅是中断这一层循环，然后跳到循环条件处，继续下一层的循环。如果跳到循环条件处发现条件已不成立，那么循环也会结束。

③ goto 语句

goto 语句是一个无条件转移语句，当执行 goto 语句时，将程序指针跳转到 goto 给出的下一条代码。基本格式如下：

```
    goto  标号
```

goto 语句在 C51 中经常用于无条件跳转某必须执行的语句及用于死循环程序中退出循环；为了方便阅读，也为了避免跳转时引发错误，在程序设计中要慎重使用 goto 语句。

6. 指针

1）通用指针

C51 提供一个 3 字节的通用指针，其声明和使用与标准 C 相同，但还可说明指针的存储类型。

例：

```
    long * ptr1;            //为指向 long 型整数的指针；
    char * xdata ptr2;      //为指向 char 数据的指针，而 ptr2 本身存放在外部 RAM 区
```

2）指定存储区的指针

C51 允许使用者规定指针指向的存储段，这种指针称为指定存储区的指针。

例：

```
    char data * str1;        //为指向 data 区中 char 型数据的指针
    int xdata * ptrData;     //为指向 xdata 区中的 int 型数据的指针
    char xdata * data px     //为指向 xdata 区中 char 型数据的指针，而指针本身存于 data 区
    data char xdata * px;    //同上
```

指定存储区的指针只需一或两字节。

3) 绝对指针

即直接用带有存储空间修饰符的指针类型来强调绝对地址，因此可以直接把绝对地址当做指针用于对象的存取（绝对存取）或函数调用（绝对调用）。

例：

```
int i;
i = * ( (int idata * )0x3f );          //将 0x3f 单元的整数值内容送 i
C = * ( (char code * ) 0x8000);
i = (( int ( code * ) ( void ) ) 0xff00)();
                                       //调用位于 0xff00 的子程序，返回值送 i
```

7. 函数

1) 函数的说明

（1）函数原型说明

如果被调用的函数的定义在另外一个文件中，或虽在同一文件中但在调用函数的后面，C51 编译系统要求在调用函数之前对被调用函数进行原型说明。

函数原型说明的格式如下：

```
extern  类型说明符  标识符 (形参列表) [reentrant] [using n] [存储模式]
```

其中：extern 为原型说明的关键字；"类型说明符"说明函数返回值的类型；"标识符"即为函数名；"形参列表"则为输入函数的参数类型和名称。随后的 reentrant、using n、存储模式为可选项，用得较少。

例：

```
extern int calc (char s, int b );
```

如果程序较大，可将某一功能模块的所有函数原型说明和供其他模块使用的变量在一 "**.h" 头文件中集中声明，在需要使用这些函数的模块中使用 "#include "**.h"" 进行包含。

（2）函数定义性说明

函数定义性说明是指函数的实体定义，其格式如下：

```
类型说明符 标识符 (形参列表) [reentrant][interrupt m][using n][存储模式]
{
        函数体；
        ...
}
```

其中："类型说明符"说明函数返回值的类型；"标识符"即为函数名；"形参列表"则为输入函数的参数类型和名称；这三部分要与函数原型说明完全一致，否则编译系统将会报错。而"函数体"则为实现函数具体功能的语句集合。

2) 重入函数

含有 reentrant 修饰符的函数称为重入函数，它是一种可以在函数体内间接调用其自身的函数。重入函数可被递归调用和多重调用，而不用担心变量被覆盖，这是因为每次函数调用时的局部变量都会被单独保存起来。由于这些堆栈是模拟的，重入函数一般比较大，运行起来比较慢。且模拟堆栈不允许传递 bit 类型变量，也不能声明局部位变量。

3) 中断函数

中断函数的实现是通过 interrupt m 修饰符来完成的，其格式如下：

```
void 中断函数名 ( ) interrupt m  using n
{
    函数体;
    ...
}
```

其中 m 对应中断编号，取值范围为 0~31，具体如下：

0　　对应于外部中断 INT0；

1　　对应于 Timer 0 中断；

2　　对应于外部中断 INT1；

3　　对应于 Timer1 中断；

4　　对应于串口中断；

　　……

n 为该中断使用的寄存器区。

编译器会自动为中断函数加上汇编码的中断程序头段和尾段，并填写好中断向量表中对应的表项。但中断的其他初始化需用户完成。为在中断内使用另一组寄存器，可用 using n 修饰符来实现，n 为寄存器组号。

如：

```
void falarm ( )interrupt 1 using 1
{
    中断函数体;
}
```

8. 数据存储模式

存储模式是函数自动变量和没有明确规定存储类型的变量的默认存储器类型，C51 共有三种存储模式，即 SMALL、COMPACT 和 LARGE。存储模式既可由编译器设置决定，亦可在函数声明时内部说明。

SMALL：参数及局部变量放入可直接寻址的片内存储器（最大 128 字节，默认存储类型是 data），在此模式下，变量访问的效率很高，但所有的对象和堆栈必须适合内部 RAM。

COMPACT：所有变量都被默认为在外部数据存储器的一个页内，和使用 pdata 指定类型一样。该存储类型适用于变量不超过 256 字节的情况，且效率比 SMALL 模式低。

LARGE：所有变量都被默认位于外部数据存储器内，和使用 xdata 指定类型一样。使用 DPTR 进行寻址。效率低，且代码多。

9. 绝对地址访问

在涉及对单片机硬件端口或某固定区域存储器进行操作时，需采用绝对地址方式进行访问，常用的方式有绝对宏和_at_关键字。

1）绝对宏

在 C51 程序中，用 "#include <absacc.h>" 即可使用其中声明的宏来访问绝对地址，包括：

```
CBYTE[i];   CWORD[i];      // i 为 CODE 段内绝对地址
DBYTE[i];   DWORD[i];      // i 为 DATA 段内绝对地址
PBYTE[i];   PWORD[i];      // i 为 PDATA 段内绝对地址
XBYTE[i];   XWORD[i];      // i 为 XDATA 段内绝对地址
```

例：

```
S = DBYTE[0x10];
D = XBYTE[0Xff00];
```

2）_at_ 关键字

直接在变量声明后加上_at_ const，便可将该变量固定在 const 表示的地址上。但是要注意：

① 绝对变量不能被初始化；

② bit 型函数及变量不能用_at_指定；

如果用_at_关键字声明变量来访问一 XDATA 外围设备，应使用 volatile 关键字确保编译器不进行优化，以便能访问到要访问的设备或端口地址。

例：xdata　char　text[256]_at_0xe000；

10．C51 使用技巧

1）采用短型变量

能用 char 的，尽量不用 int；能用 int 的，尽量不用 long；能用 int 的，尽量不用 float。主要是单片机的存储器资源有限，特别是内部 RAM。定义变量时应尽量节省空间。

2）使用无符号类型

能用 unsigned char 的，尽量不用 signed char；能用 unsigned int 的，尽量不用 signed int。单片机的指令系统对无符号数的处理比对带符号数的处理要方便，使用无符号数可减少代码长度，提高运行速度。

3）避免使用浮点指针

当使用浮点运算时，代码长度会增加，运行速度也会比较慢。且在有中断时要做些特殊处理。

4）使用位变量

一个位变量只占用 1/8 字节，只有两种取值的变量使用位变量将是最节省存储空间的方式，同时单片机也有专门的指令支持。

5）用局部变量代替全局变量

函数内部的局部变量在函数返回后即被释放，而程序的全局变量则在整个程序运行过程中占用内存空间，因此，函数局部变量的使用将可减少对存储容量的要求。

6）为经常使用的变量分配内部存储区

由于指令系统和 CPU 结构的原因，CPU 对内部存储区中变量的读/写速度比外部存储区要快，因此，为经常使用的变量分配内部存储区，将提高程序运行的效率。

7）使用指定存储区的指针

C51 中一般指针需占用 3 字节，1 字节为存储器类型，2 字节为偏移量。一般指针可以访问任何变量而不论它指向哪个存储空间。而指定存储区的指针事先确定了所指向的存储空间，以便这些指针用 1 字节（idata*、data*、pdata*）或 2 字节（code*、xdata*）就可以确定所指的位置。

8）使用宏代替函数

通过使用宏，可提高程序的可读性，同时又提高程序的执行效率。

例如：

```
#define led_on( ) {
            led_state = LED_ON;
            XBYTE[LED_CNTL] = 0x01;
        }
```

9）充分使用注释

注释也是程序的一个重要组成部分，注释既方便自己日后对程序进行修改，又有利于与他人共享。注释一般包括：模块说明、函数开头的函数说明及程序中的注释内容。

（1）模块说明

一般每个模块完成一类功能，由一个"模块名.h"和一个"模块名.c"文件组成。在每个模块文件头部应加上模块说明注释。

例如：

```
/*****************************************/
/*  模块名：                          */
/*  创建人：           日期：          */
/*  修改人：           日期：          */
/*  功能描述：                        */
/*  其他说明：                        */
/*  版本号：                          */
/*  公司：                            */
/*****************************************/
```

（2）函数开头的函数说明

每个函数前应包含函数名称、功能、输入参数、返回值、处理流程、全局变量、调用函数等说明。

例如：

```
/*****************************************/
/*  函数名称：                        */
/*  功能描述：                        */
/*  函数说明：                        */
/*  调用函数：                        */
/*  全局变量：                        */
/*  输入参数：                        */
/*  返回值：                          */
/*****************************************/
```

（3）程序中的注释内容

程序中应尽可能多地加以注释，特别是涉及算法、分支的条件、循环的控制等的语句或程序段。

10）规范变量、函数的命名

（1）常量的命名：全部用大写字母，建议使用能表示常量意义的单词。

例如：

```
define  PI  3.1415926
```

（2）变量的命名：变量名加前缀，前缀反映变量的数据类型，用小写。反映变量意义词组的第一个字母大写，其他小写。

例如：

```
unsigned char  ucReceivData;
```

（3）函数的命名：函数名首字母大写，函数名若包含有两个单词，则每个单词的首字母大写。

5.1.3 仿真软件 Proteus 简介

1. Proteus 功能特点

Proteus 是英国 Lab Center Electronics 公司开发的嵌入式系统仿真软件，组合了高级原理图设计工具 ISIS（Intelligent Schematic Input System）、混合模式 SPICE 仿真、PCB 设计及自动布线而形成的一个完整电子设计系统。它运行于 Windows 操作系统上，可以仿真、分析各种模拟和数字电路，并且对计算机的硬件配置要求不高。该软件具有以下主要特点。

（1）实现了单片机仿真与 SPICE（Simulation Program with Integrated Circuit Emphasis）电路仿真相结合，具有模拟电路仿真、数字电路仿真、单片机及其外围电路仿真、RS-232 动态仿真、I^2C 调试器、SPI 调试器、键盘和 LCD 系统仿真的功能。

（2）提供了大量的元器件，涉及电阻、电容、二极管、三极管、MOS 管、变压器、继电器、各种放大器、各种激励源、各种微控制器、各种门电路和各种终端等；同时，也提供了许多虚拟测试仪器，如电流表、电压表、示波器、逻辑分析仪、信号发生器、定时/计数器等。

（3）支持主流单片机系统的仿真，如 68000 系列、8051 系列、AVR 系列、PIC 系列等。

（4）提供软、硬件调试功能，同时支持第三方的软件编译和调试环境，如 Keil C μVision3 等软件。

（5）具有强大的原理图编辑及原理图后处理功能。

（6）Proteus VSM 组合了混合模式的 SPICE 电路仿真、动态器件和微控制器模型，实现了完整的基于微控制器设计的协同仿真，真正使在物理原型出来之前对这类设计的开发和测试成为可能。

总之，该软件是一款集单片机和 SPICE 分析于一身的仿真软件，功能极其强大。Proteus 电路设计是在 Proteus ISIS（Intelligent Schematic Input System）集成环境中完成的。现以 Proteus ISIS7 Professional 为背景，对该集成环境的使用做一些基本的介绍。

2．Proteus 实现软件仿真

1）启动 Proteus ISIS

正确安装 Proteus 软件后，单击屏幕左下方的"开始→程序→Proteus 7 Professional→ISIS 7 Professional"，即进入 Proteus ISIS 集成环境。启动时的界面如图 5.1 所示。

图 5.1　启动显示界面

2）Proteus ISIS 工作界面介绍

（1）工作界面

Proteus ISIS 的工作界面是一种标准的 Windows 界面，如图 5.2 所示。包括标题栏、主菜单、标准工具栏、方向工具栏、仿真工具栏、模型选择工具、挑选元器件按钮、库管理按钮、预览窗口、元器件列表窗口、图形编辑窗口。

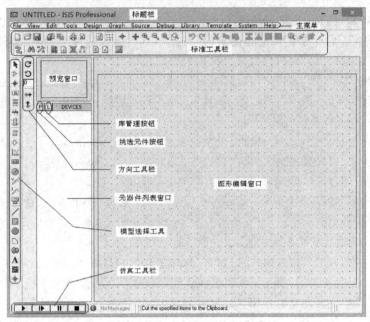

图 5.2　Proteus ISIS 的工作界面

（2）图形编辑窗口

图形编辑窗口主要完成电路设计图的绘制和编辑。为了作图方便，在编辑窗口内设置有点状栅格，若想除去栅格，可以由 View 菜单的 Grid 菜单项切换。在编辑窗口内放置元器件时，元器件所能移动的最小距离称为 Snap，亦可由 View 菜单进行设置。

（3）预览窗口

预览窗口可以显示编辑窗口的全部原理图，也可以显示从元器件列表中选中的元器件。当预览窗口显示全部原理图时，在预览窗口有两个框，蓝框表示当前页的边界，绿框表示当前编辑窗口显示的区域。在预览窗口上单击，Proteus ISIS 将以单击位置为中心刷新编辑窗口。当从元器件列表中选中元器件时，预览窗口可预览选中的元器件。此时，如果在编辑窗口内单击，预览窗口内的元器件将被放置到编辑窗口，这称为 Proteus ISIS 的放置预览特性，如图 5.3 所示。

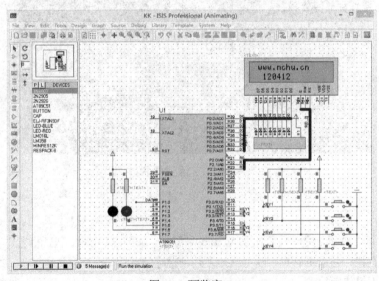

图 5.3　预览窗口

（4）模型选择工具栏

① 模型如图 5.4 所示。

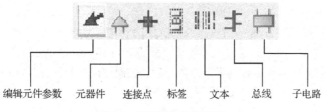

编辑元件参数   元器件   连接点   标签   文本   总线   子电路

图 5.4   工具栏中的模型图

② 配件如图 5.5 所示。

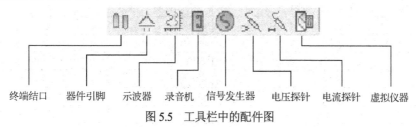

终端结口   器件引脚   示波器   录音机   信号发生器   电压探针   电流探针   虚拟仪器

图 5.5   工具栏中的配件图

③ 2D 图形如图 5.6 所示。

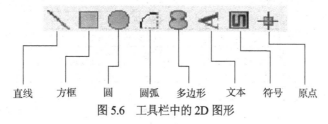

直线   方框   圆   圆弧   多边形   文本   符号   原点

图 5.6   工具栏中的 2D 图形

（5）元器件列表

用于挑选元器件、终端接口、引脚、图形符号、标注、图表、信号发生器、仿真图表等。例如，当选择"元器件"时，单击"P"按钮会打开挑选元器件对话框，选择了一个元器件后，该元器件会在元器件列表中显示，以后要用到该元器件时，只需在元器件列表中选择即可。

（6）方向工具栏

旋转： 旋转角度只能是 90°的整数倍。

翻转：完成水平翻转和垂直翻转。

使用方法：先右击元器件，再单击相应的旋转图标。

（7）仿真工具栏

运行：

单步运行：

暂停：

停止：

3．绘制原理图的正确操作

（1）鼠标滚轮用来缩放原理图；

（2）左键放置元器件；

（3）右键选择元器件；

（4）按两次右键删除元器件；

（5）先右键出现菜单后可编辑元器件属性；

（6）先右键后左键拖动元器件；

（7）连线用左键，删除用右键。

Proteus 提供了大量的元器件，通过元器件选择按钮 P（Pick from Libraries），可以从元器件库中提取需要的元器件，并将其置入元器件列表中，供今后绘图时使用。为了寻找和使用元器件的方便，现将元器件目录及常用元器件名称中英文对照列于表 5.2 中。

表 5.2　元器件目录及常用元器件名称中英文对照

元器件目录名称		常用元器件名称	
英　　文	中　　文	英　　文	中　　文
Analog ICs	模拟集成电路芯片	Ammeter	电流表
Capacitors	电容	Voltmeter	电压表
CMOS 4000 series	CMOS 4000 系列	Battery	电池 / 电池组
Connectors	连接器	Capacitor	电容器
Data Converters	数据转换器	Clock	时钟
Debugging Tools	调试工具	Crystal	晶振
Diodes	二极管	D-Flip-Flop	D 触发器
ECL 10000 series	ECL10000 系列	Fuse	保险丝
Electromechanical	机电的（电机类）	Ground	地
Inductors	电感器（变压器）	Lamp	灯
Laplace Primitives	常用拉普拉斯变换	LED	发光二极管
Memory ICs	存储芯片	LCD	液晶显示屏
Microprocessor ICs	微处理器芯片	Motor	电机
Miscellaneous	杂项	Stepper Motor	步进电机
Modelling Primitives	仿真原型	Power	电源
Operational Amplifiers	运算放大器	Resistor	电阻器
optoelectronics	光电类	Inductor	电感
PLDs & FPGAs	PLDs 和 FPGAs 类	Switch	开关
Resistors	电阻类	Virtual Terminal	虚拟终端
Simulator Primitives	仿真器原型	Probe	探针
Speakers & Sounders	声音类	Sensor	传感器
Switches & Relays	开关与继电器	Decoder	解（译）码器
Switching Devices	开关器件	Encoder	编码器
Thermionic Valves	真空管	Filter	滤波器
Transistors	晶体管	Optocoupler	光耦合器
TTL 74 series	TTL 74 系列	Serial port	串行口
TTL 74 ALS series	TTL 74ALS 系列	Parallel port	并行口
TTL 74 LS series	TTL 74LS 系列	Alphanumeric LCDs	字母数字的 LCD
TTL 74 HC series	TTL 74HC 系列	7-Segment Displays	七段数码显示器

4. 原理图绘制的方法和步骤

现以一简单的单片机应用实例来介绍原理图的绘制方法和步骤。本例采用 89C51 单片机外扩展 I/O 口 8255 驱动点亮 8 位 LED。例中用到微处理器的类型为 89C51；LED 显示器为 7SEG-MPX8-CA-BLUE（8 位共阳七段 LED 显示器）；还有 NPN 三极管、8255A 和 74HC373 锁存器。

1）创建新的设计文件

首先进入 Proteus ISIS 编辑环境。选择 File→New Design 菜单项,在弹出的模板对话框中选择 DEFAULT 模板,并将新建的设计文件设置好保存路径和文件名。Proteus ISIS 设计文件的扩展名为 ".dsn"。

2）设置图纸类型

选择 System→Set Sheet Sizes 菜单项,弹出 Sheet Size Configuration 对话框。根据原理图中的元器件的多少,合理选择图纸的类型。本例选用 A4 类型的图纸。

3）将所需元器件加入对象选择器

选择 Library→Pick Device→Symbol 菜单项或者单击按钮 P（Pick from Libraries）,弹出元器件选择页面。在关键字区域输入 89C51,则元器件列表区域列出名称中含有关键字 89C51 的元器件,同时在元器件预览区域可以看到该器件的实形;而在元器件 PCB 封装预览区域,可以看到其 PCB 预览图。

在元器件列表区域内选中 89C51,双击即可将该元器件添加到对象选择器。单击 OK 按钮也可以将其加至对象选择器并同时关闭元器件选择页面。同样的操作可将 7SEG-MPX8-CA-BLUE、NPN 添加到对象选择器中。

4）放置元器件

在对象选择器中选中 7SEG-MPX8-CA-BLUE,将鼠标指针置于编辑窗口该对象的欲放置处单击,则该对象完成放置。照同样方法将 89C51 和 NPN 放置到编辑窗口。

若对象位置需要移动,将鼠标移到该对象上,单击鼠标右键,此时,该对象的颜色变至红色,表明该对象已被选中,按下鼠标左键,拖动鼠标,将对象移至新位置后,松开鼠标。

5）绘制总线

ISIS 支持在层次模块间运行总线,同时也支持库元器件为总线型引脚。

单击工具箱中的 Buses Mode 按钮,使之处于选中状态。将鼠标指针置于编辑窗口,在总线的起始位置单击,然后移动鼠标指针,到其终止位置双击即可结束总线绘制。在绘制多段连续总线时,只需要在拐点处单击,步骤与绘制一段总线相同。

6）导线连接

导线是电气元器件图中最基本的元素之一,具有电气连接意义。在 ISIS 编辑环境中没有绘制导线工具,这是因为 ISIS 具有智能化特点,在想要绘制导线时能够进行自动检测。

ISIS 具有导线自动路径（Wire Autorouter,WAR）功能,当选中两个节点后,WAR 将选择一个合适的路径完成连接。

如操作将 8255 的 A0 端连接到 74HC373 的 Q0 端。当鼠标有指针靠近 A0 端的连接点时,跟着鼠标的指针就会出现一个 "×" 号,表明找到了 A0 的连接点,单击鼠标左键,移动鼠标（不用拖动鼠标）,将鼠标的指针靠近 74HC373 的 Q0 端点时,跟着鼠标的指针就会出现一个 "×" 号,表明找到了 74HC373 的 Q0 端的连接点,同时屏幕上出现了粉红色的连接,单击鼠标左键,粉红色的连接线变成了深绿色。完成了此导线的连接,其他导线连接与以上同样操作。

7）导线标签

导线标签按钮用于对一组线或一组引脚编辑网络名称,以及对特定的网络指定名称。

单击工具箱中的 Wire Lable Mode 按钮,使之处于选中状态。将鼠标指针置于编辑窗口的欲标标签的导线上,则鼠标指针上会出现 "×" 符号,表明找到了可以标注的导线;单击鼠标左键,则弹出导线标签编辑界面。

在导线标签编辑界面内,"String" 文本框中输入标签名称（如 ALE）,单击 OK 按钮,结束对该导线的标签标定。标签名放置的相对位置可以通过界面下部的单选项进行选择。

8）放置电源及接地符号

在 Proteus 绘图过程中,有正电源（VDD/Vcc）、负电源（VEE）、地（Vss）引脚的元器件,在器件符号上没有 Vcc 和 GND 引脚，其实它们隐藏了，在使用时可以不用加电源。如果需要加电源，可以单击工具箱的接线端（终结点）按钮，这时对象选择器将出现一些接线端，在器件选择器中单击 GROUND，鼠标移到原理图编辑区，单击即可放置接地符号；同理也可以把电源符号 POWER 放到原理图编辑区。

9）编辑对象的属性

在 ISIS 中，对象的含义及其广泛。一个元器件、一根导线、一根总线、一个导线标签均可视为一个对象。对于任何一个对象，系统都给它赋予了许多属性。用户可以通过对象属性编辑界面给对象的属性重新赋值。

对象属性编辑的步骤如下。

① 在工具箱中选择 Instant Edit Mode 按钮，进入即时编辑模式；

② 先指向对象，然后右击对象，在弹出的右键快捷菜单中选择 Edit Properties or Edit Wire Style，便可打开对象编辑界面，在此页面完成对属性值的重新设定。

10）制作标题栏

选中工具箱中的 2D Graphics Symbols Mode 按钮，单击 Pick from Libraries 按钮，则弹出 Pick Symbols 对话框。

在 Libraries 列表框中选择 SYSTEM 库，在 Objects 列表框中选择 HEADER，则在预览窗口显示出该对象的图形。双击 HEADER，便可将其加入至对象选择器中。选择 Design→Edit Design Properties 菜单项，在弹出的设计属性界面中对 Title（设计标题）、Doc.No（文档编号）、Reversion（版本）和 Author（作者）各项进行设置。

将 HEADER 放置到编辑区域，我们注意到，在设计属性界面中设置的内容能够传递到 HEADER 图块中。

欲编辑此图块，可先选中该图块，单击工具栏上的 Decompose 按钮或选择 Library→Decompose 菜单项，组成该图块的任意元素便可随意编辑。编辑完毕后，将该标题框所有内容选中，再选择 Library →Make Symbol 菜单项，在弹出的 Make Symbol 界面内选中 USERSYM，在 Symbol Name 文本框中输入"标题栏"，Type 单选项目下选择 Graphic，即可完成标题栏的制作。

最终原理图绘制结果如图 5.7 所示。

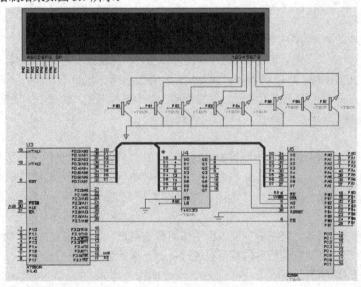

图 5.7　绘制的原理图

5. Proteus 仿真

目前，仿真软件很多，Proteus ISIS 与其他仿真软件不同的是，它不仅能仿真单片机 CPU 的工作情况，也能仿真单片机外围电路或没有单片机参与的其他电路的工作情况。因此在仿真和程序调试时，关心的不再是某些语句执行时单片机中寄存器和存储器内容的改变，而是从工程的角度直接看程序运行和电路工作的过程和结果。

前面已经绘制出了 89C51 外部扩展 8255 驱动 LED 显示原理图，下面在此基础上完整地展示一个 Proteus 仿真过程。

1) 硬件电路设计

图 5.7 的核心是微处理器 89C51，8255 PA 口的 8 个引脚接在 LED 显示器的段选码引脚（a~g、dp）上，8255 PB 口的 8 个引脚接在 8 个 NPN 三极管的基极，集电极接电源电压，而发射极则连着 LED 显示器的位控引脚（1~8），总线连接使电路原理图变得简洁。

2) 程序设计

程序实现 89C51 单片机通过外部扩展的 8255 PA 口输出 0~7 的数字，此数字分别在 8 位 LED 显示器上显示出来。

用 Keil C 来编写源程序，并完成编译链接，生成.hex 文件。源程序如下：

```
#include <reg51.h>
#include <intrins.h>
#define uint unsigned int
unsigned char xdata IOA _at_ 0x7FFC;
unsigned char xdata IOB _at_ 0x7FFD;
unsigned char xdata IOC _at_ 0x7FFE;
unsigned char xdata IOTCON _at_ 0x7FFF;
unsigned char code mun[10]={0xc0,0xf9,0xa4,0xb0,0x99,0x92,0x82,0xf8,0x80,0x90};
unsigned char code wei[8] ={0x01,0x02,0x04,0x08,0x10,0x20,0x40,0x80} ;
    void delayms(int Xms)
        { int i,j;
         for (i=Xms;i>0;i--)
            for (j=113;j>0;j--);
        }
    void main ()
        {int i;
         delayms (100);
         IOTCON=0x80;          //控制字 00，方式 0，全都是输出
         delayms (10);
         while (1)
            {
            for (i=0;i<8;i++)
                {
                IOB=wei[i];
                IOA=mun[i];
                delayms (5);
                }
            }
        }
```

3) Keil C 与 Proteus 连接调试

运行 Proteus 软件，在编辑窗口中双击单片机，弹出对单片机的编辑窗口，在该窗口中选择程序文件

Program File，单击选择按钮，选择由 Keil 编译得到的目标文件 JJ.hex，然后单击 OK 按钮完成编辑。单击左下角的仿真运行开始按钮，便能清楚地看到 LED 显示器上显示"0、1、2、3、4、5、6、7"；最后可以单击结束按钮结束调试，效果如图 5.8 所示。

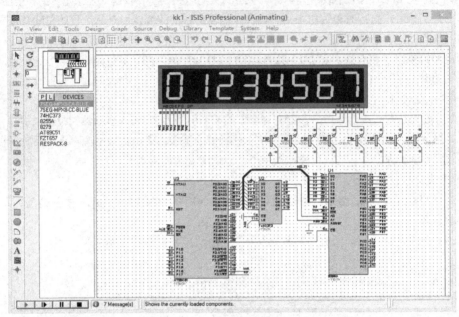

图 5.8　89C51 扩展 8255 驱动点亮 LED 电路仿真图

4）仿真实现步骤

① 在 Proteus ISIS 中完成硬件电路的绘制。

② 在 Keil C 中编写程序，并对程序进行编译得到 * .HEX 的可执行文件。

③ 在 Proteus ISIS 中，将 Keil μVision3 中生成的 * .HEX 文件添加到 Proteus ISIS 中的 89C51 的存储器中，仿真运行后，即可以看到仿真效果。

若 Proteus 与 Keil 集成联合仿真：首先要下载安装两个软件。Proteus 可到官方网站（http://www.labcenter.co.uk/）下载试用版本。Keil 也可到官方网站（http://www.keil.com/）下载它的 demo 版，下载后直接安装即可。从官方网站（http://www.labcenter.co.uk/support/vdmkeil.cfm 或 http://downloads.labcenter.co.uk/vdmagdi.exe）下载 Proteus 的 vdmagdi.exe，运行 vdmagdi.exe 安装 Keil 接口。全部安装完后，即可进行 Proteus 与 Keil 集成联调。

5.2　应用系统设计实例——射频卡读取控制

射频卡即为非接触式 ID 卡或 IC 卡，其成本极低，可靠性强，广泛使用于各种非接触式识别（Identification）系统中，如人员识别、门禁、物流、动物辨别和物品跟踪等。

5.2.1　EM4100 卡的主要特点

EM4100 是在射频感应卡片上广为使用的一种 CMOS 集成电路微芯片。EM4100 芯片电路以被放在一个交变磁场上的外部天线线圈为电能驱动，并且经由线圈终端之一从该磁场得到它的时钟频率。另一线圈终端受芯片内部调制器影响，转变为电流型开关调制，以便向读卡机传送包含制造商预先程序排列的 64b 信息和命令。

EM4100 有一些被用来定义代码类型和数据率的基本选择项。如每比特的数据率可为载波频率的 64、32 和 16 倍周期，其数据能用 Manchester（曼彻斯特）、Biphase（双相）或 PSK（相位调制）调制格式来编码。芯片在多晶硅片联结状态时施行激光烧写编程，以便在每块芯片上存储唯一的代码。连续的输出数据字符串包含 9 个 1b 的引导头、40b 的数据、14b 奇偶校验及 1b 停止位。由于逻辑控制中心低微电量的消耗，无须提供缓冲电容。仅芯片运行的能量需要靠外部天线线圈获得，芯片内整合有一个与外部线圈并联的电容，可获得谐振能量吸收。主要特征如下：

- 载波频率为 125kHz；
- 卡片向读卡器传送数据的调制方式为加载调幅；
- 卡片内数据编码采用抗干扰能力强的 BPSK 相移键控方式；
- 卡片向读卡器传送数据的速率为 3.9kbps；
- 数据存储采用 EEPROM，数据保存时间超过 10 年；
- 数据存储容量共 64 位，包括制造商、发行商和用户代码；
- 卡号在封卡前写入后不可再更改，绝对确保卡号的唯一性和安全性；
- 芯片除封装成标准卡片形状外，还可根据需要封装成筹码等多种形状。

由于 EM4100 芯片体积小，容易封装，方便移植，甚至可以嵌入产品内，其使用范围或涉及的应用领域非常宽广。例如，人员的身份识别、物品的信息管理、名酒的瓶盖内置标签、液化气容器安全标签、动物识别、酒店门禁卡、校园卡、工矿企业管理卡等，凡是可以使用唯一序列号来标识物件的主要属性，都可以使用它；在该芯片内部完全整合了高达 480pF 的谐振电容，因此，外部的感应天线的电感量可以大幅度减小，天线线圈的匝数可以成倍减少，这意味着在 125kHz 的只读 ID 卡系列中，使用 EM4100 芯片可以制造出非常轻小超薄的签卡或体态轻盈方便携带的匙扣卡。

5.2.2 读卡控制系统总体设计

读卡控制系统主要由单片机最小系统、天线驱动模块、检波模块、滤波整形模块、键盘显示模块、通信接口模块等构成，如图 5.9 所示。

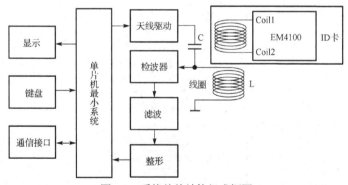

图 5.9 系统总体结构组成框图

各电路模块的功能如下。

（1）单片机最小系统：是系统核心部件，读卡驱动信号，即 125kHz 载波信号由最小系统中的单片机产生。

（2）天线驱动模块：它对单片机产生的 125kHz 的载波信号进行功率放大，驱动线圈（天线）将信息感应至 ID 卡上。

（3）检波电路：用来除去 125kHz 载波信号，还原出有用数据信号。

（4）滤波整形电路：对检波后的信号进行滤波、整形，以获得向单片机提供解码所需的信号电平。

（5）键盘、显示电路：用来显示 ID 卡中的信息及与系统进行人机交互。

（6）通信接口电路：传送用户信息至计算机管理中心。

由单片机产生 125kHz 的载波信号，通过天线驱动模块电路将信号经过功率放大后送至线圈（天线），线圈周围空间形成交变的磁场，当有 ID 卡靠近线圈时，ID 卡通过谐振获得能量，给电容充电，充电后作为 ID 卡内的电源给芯片供电，启动 ID 卡将卡内信息以调幅形式加载到载波信号上并反馈给线圈；当无 ID 卡靠近线圈时，反馈回高电平。线圈收到反馈信号再经过检波电路把卡内信号解调出来，再经过滤波整形后送给单片机处理。单片机接收到信号与已存入的信息先进行对比等处理，信息正确，则信息保存，同时输出信号控制执行机构，并送显示器显示卡内信息和卡号；若错误信息，声光报警提示；当单片机数据接收完毕后，则进行信息校验、格式转换等处理，最后通过串口通信发送上传至计算机。

5.2.3 读卡控制电路设计

1）单片机最小系统电路

考虑到 125kHz 载波信号的产生及软件解码的需要，系统选用 STC12C5A60S2 单片机，STC12C5A60S2 是宏晶科技生产的单时钟/机器周期（1T）的单片机，是高速、低功耗、超强抗干扰的新一代 8051 单片机，指令代码完全兼容传统 8051，但速度快 8～12 倍。内部集成 MAX810 专用复位电路，两路 PWM，8 路高速 10 位 A/D 转换，同时，其内部定时器有可编程方波输出功能，可利用其内部的定时器来产生 125kHz 载波时钟信号。

单片机最小系统电路原理如图 5.10 所示，为满足系统串行通信的需要，选用 11.0592MHz 的晶振，为存储用户信息，系统配置了 24CXX 系列 EEPROM 存储器，同时，VD1、VD2 发光二极管及蜂鸣器用于指示系统的读卡状态及报警。P3.5/T1 引脚输出 125kHz 的载波时钟信号，而 P1.0 则接收解调电路输出的曼彻斯特信号。其他 I/O 引脚用于键盘显示接口、韦根（Wiegand）输出等。

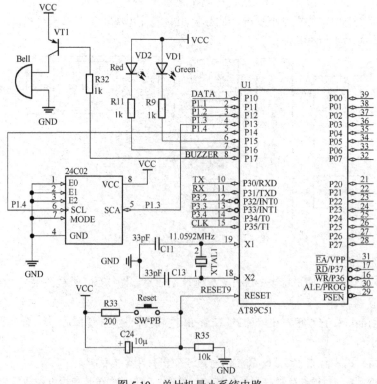

图 5.10 单片机最小系统电路

2）载波驱动及曼彻斯特码解调电路

载波驱动及曼彻斯特码解调电路如图 5.11 所示，系统中，125kHz 载波信号 CLK 由单片机内部定时器产生，为使 ID 卡内的电路能被"激活"，向外发送数据，则射频信号需要比较高的能量，所以通过由 8050（NPN 型）和 8550（PNP 型）构成的推挽式功率放大电路进行驱动，使得射频信号获得更多的能量，以便可靠读出卡内的数据。

天线 L 与电容 C1 构成串联谐振电路，谐振频率为 125kHz，谐振电路的作用是使天线上获得最大的电流，从而产生最大的磁通量，获得更大的读卡距离。

谐振电路谐振频率

$$f = \frac{1}{2 \times 3.14 \times \sqrt{LC}} \tag{5-1}$$

式中：F—谐振频率，单位 Hz；

　　　L—谐振线圈电感值，单位 H；

　　　C—谐振电容，单位 F。

谐振频率为 125kHz，取 C=4700pF，由式（5-1）得 L=345μH。

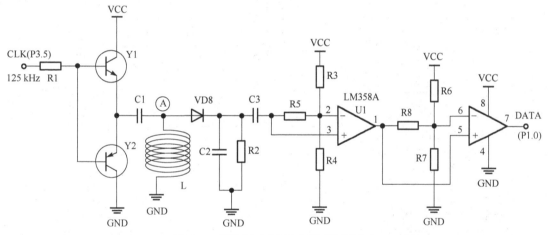

图 5.11　载波驱动及曼彻斯特码解调电路

如图 5.11 所示，把驱动信号加载到读卡线圈后，当有 ID 卡靠近线圈时，ID 卡将会反馈回卡内信息，并以幅度调制的形式感应线圈 L 上，调制信号的包络为曼彻斯特码，有 ID 卡靠近时 A 点的波形如图 5.12 所示。

D8、R2、C2 构成基本包络检波电路，检波电路用来去除 125kHz 载波信号，还原出有用数据信号。C3 为耦合电容，滤波放大电路采用集成运放 LM358 对检波后的信号进行滤波、整形和放大，放大后的信号送入单片机的 P1.0，由单片机对接收到的信号进行软件解码，从而得到 ID 卡的卡号。LM358 整形电路最终的输出波形如图 5.13 所示。

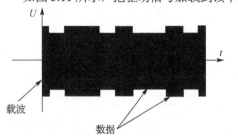

图 5.12　曼彻斯特码调制信号

3）通信接口电路

为将读取的卡号数据向上位机传输，系统需配置串行通信的接口，考虑到目前计算机基本都配置有多个 USB 接口，所以系统采用了 USB 转串行通信的方案，使单片机和计算机之间采用 USB 方式进行通信，USB 转串行通信的电路如图 5.14 所示。CH340 集成芯片是一个 USB 总线的转接芯片，可以实现 USB 转串口、USB 转打印口等功能,这里用到了 CH340 芯片的 USB 转串口功能。使用时需在计算机端安装该芯片的驱动程序,驱动安装成功后,计算机将接到 USB 接口的该芯片作为一普通 COM口对待,计算机端和单片机端编程时与使用标准 COM 口无异。

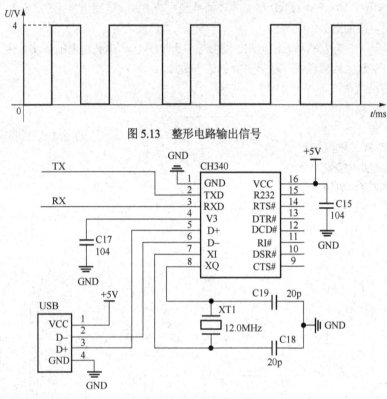

图 5.13 整形电路输出信号

图 5.14 USB 转串口电路

4)键盘、显示接口电路

键盘、显示接口电路如图 5.15 所示,显示采用 1602LCD 显示器,其显示容量为 16×2 个字符,可显示用户信息、卡号等;键盘为 1×4 独立式键盘,用于系统参数设置和运行控制,如卡片的管理、数据的显示切换等。

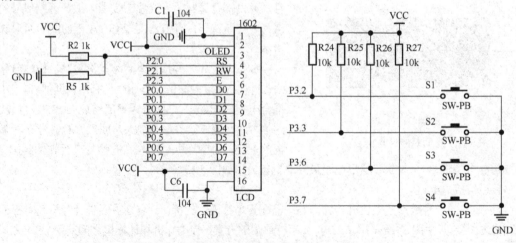

图 5.15 键盘、显示接口电路

5.2.4　读卡控制软件设计

　　软件设计主要包括 125kHz 载波的产生、ID 卡解码、卡片信息的串口输出、人机交互和韦根输出等。载波信号产生相对简单，利用 STC12C5A60S2 单片机内部定时器的方波输出功能就能实现。解码软件设计相对较复杂，要对 ID 卡进行解码，首先应掌握 ID 卡的存储格式和数据编码方式。

　　1）EM4100 卡数据格式

　　图 5.16 所示为 EM4100 的 64 位数据信息图，它由 5 个区组成：9 个引导位、10 个行偶校验位 P0～P9、4 个列偶校验位 PC0～PC3、40 个数据位 D00～D93 和一个停止位 S0。9 个引导位是出厂时就已掩膜在芯片内的，其值为"111111111"，当它输出数据时，首先输出 9 个引导位，然后是 10 组由 4 个数据位和一个行偶校验位组成的数据串，其次是 4 个列偶校验位， 最后是停止位"0"。D00～D13 是一个 8 位的晶体版本号或 ID 识别码。D20～D93 是 8 组 32 位的芯片信息，即卡号。每当 EM4100 将 64 个信息位传输完毕后，只要 ID 卡仍处于读卡器的工作区域内，它将再次按照图 5.16 顺序发送 64 位信息，如此重复，直至 ID 卡退出读卡器的有效工作区域。

1	1	1	1	1	1	1	1	1	9个"1"的头部
8位版本号，或作为识别号的一部分				D00	D01	D02	D03	P0	
				D10	D11	D12	D13	P1	
32位识别号				D20	D21	D22	D23	P2	P0~P9是行偶校验
				D30	D31	D32	D33	P3	
				D40	D41	D42	D43	P4	
				D50	D51	D52	D53	P5	
				D60	D61	D62	D63	P6	
				D70	D71	D72	D73	P7	
				D80	D81	D82	D83	P8	
				D90	D91	D92	D93	P9	结束位S0恒为"0"
PC0~PC3为列偶校验				PC0	PC1	PC2	PC3	S0	

图 5.16　ID 卡数据格式

　　2）曼彻斯特编码

　　EM4100 采用曼彻斯特编码，位数据"1"对应高电平向低电平跳变，位数据"0"对应低电平向高电平跳变。在一串数据传送的数据序列中，两个相邻的位数据传送跳变时间间隔应为 T。若相邻的位数据极性相同（相邻两位均为"0"或"1"），则在两次位数据传送的电平跳变之间，有一次非数据传送的、预备性的"空跳"。电平的上跳、下跳和空跳是确定位数据传送特征的判据。在曼彻斯特码调制方式下，EM4100 每传送一位数据的时间是 64 个振荡周期 T_0。若载波频率为 125kHz，则每传送一位的时间为振荡周期的 64 分频，即一位的传送时间间隔为：$T = 64/125\text{kHz} = 512\mu s$，则半个数据位的时间间隔为 256μs。曼彻斯特编码的波形如图 5.17 所示：

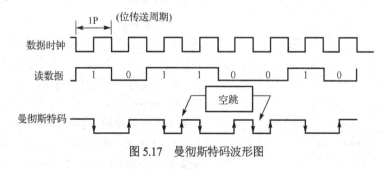

图 5.17　曼彻斯特码波形图

　　根据曼彻斯特码的编码原则，微控制器通过检测 125kHz 非接触 ID 卡读卡器输出数据位的跳变，来实现对曼彻斯特码的译码。数据读出以后，根据前面所提到的非接触 ID 卡的数据结构，通过比较校验算法与读出数据中的校验位，来验证数据的正确性。

3）读卡软件设计

整个读卡控制程序由 125kHz 时钟输出模块、同步头检测模块、曼彻斯特码解码模块、串口通信模块、格式转换模块、LCD 显示模块、人机交互模块和韦根输出模块等组成，而这些模块又在监控主程序的管理下运行。以下是几个与 ID 卡读卡相关的主要模块。

（1）125kHz 时钟输出模块

STC12C5A60S2 单片机新增三个可编程时钟输出功能，CLKOUT2/P1.0、CLKOUT0/P3.4 和 CLKOUT1/P3.5 的时钟输出控制由 WAKE_CLKO（0x8F）寄存器的 BRTCLKO、T0CLKO 位和 T1CLK0 位控制，CLKOUT2 的输出时钟频率由 BRT（0x9C）控制，CLKOUT0 的输出时钟频率由定时器 0 控制，CLKOUT1 的输出时钟频率由定时器 1 控制，相应的定时器需要工作在定时器模式 2（8 位主动重装模式），不要允许相应的定时器中断，免得 CPU 反复进入中断，根据在 T1 输出 125kHz 方波的需要，只需对 T1 定时器进行初始化，便可在 P3.5（T1）得到 250kHz 方波，经二次分频即可得到 125kHz 载波信号。具体代码如下：

```
TMOD = 0x21;
WAKE_CLKO = 0x02;            //允许（T1）P3.5 输出溢出脉冲
AUXR = 0x40;                 //设置在 1T 工作模式
TH1 = 0xEA;                  //单片机晶振选择 11.0592MHz
//T1 定时器的重载数据为：256-(11.0592MHz)/250kHz≈233.89≈0xEA
```

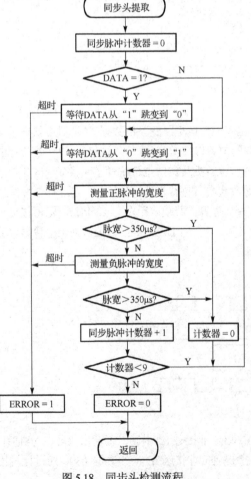

图 5.18　同步头检测流程

（2）同步头检测模块

按照 EM4100 卡数据格式，每个 64 位数据串都由 9 个 "1" 位引导，因此，同步头的可靠检测是读取 ID 卡数据的基础。根据曼彻斯特编码规则，位 "1" 由半个周期的高电平和半个周期的低电平组成，半个周期的时间间隔为 256μs。因此，同步头的检测必须检测到连续 9 个半个周期的高电平和半个周期的低电平，实现这一检测的方法有多种，本系统采用软件延时法来实现检测，具体的检测流程如图 5.18 所示。

开始检测时，设脉冲计数器为 0，每检测到一个 "1" 位，计数器加 1，若检测到一个 "0"，则计数器清 0，再从头开始检测，直到连续检测到 9 个 "1"，才说明检测到了引导头。由于启动检测的随机性，若开始时 DATA=1，则说明正处在高电平的前半个周期，这时需等待 DATA 跳变到 "0" 电平，再等待到 DATA 跳变到 "1" 电平后开始检测正脉冲的宽度；若开始时 DATA=0，则只需等待到 DATA 跳变到 "1" 电平后开始检测正脉冲的宽度，如果测得的宽度超过 350μs，说明不是同步头，计数器清 0 后，重新开始检测下一个正脉冲的宽度；如果测得的宽度不超过 350μs，则开始检测负脉冲的宽度，如果测得的负脉冲宽度超过 350μs，说明不是同步头，计数器清 0 后，重新开始检测下一个正脉冲的宽度。如此循环，直到测得 9 个连续的位 "1" 后返回。

在等待 DATA 电平跳变和检测脉冲宽度过程中，

如果出现超时 700μs 以上，则说明 ID 卡离开了线圈，这时将 ERROR 标志置 "1" 后返回。脉冲宽度的检测和超时的判断可采用定时器定时中断来实现，亦可采用软件延时的办法来进行。

（3）曼彻斯特码解码模块

解码程序执行的前提是已检测出了连续 9 个 "1" 的引导头，按 EM4100 卡数据格式可知，后续的 55 位数据由 11 行组成，每行 5 位。解码的流程如图 5.19 所示，整个程序由双重循环组成，外循环控制行的接收，共循环 11 次，内循环控制位的接收，共循环 5 次，完成 5 位数据的接收，完成后存入内存缓冲区。至于对位的检测，还是通过测量其脉冲宽度来判别的，如图 5.19 所示，当检测到一个超过 350μs 的负脉冲时，一定是一位 "0"，随后若检测到一个超过 350μs 的正脉冲，则是一位 "1"，否则是一位 "0"；同理，当检测到一个超过 350μs 的正脉冲时，一定是一位 "1"，随后若检测到一个超过 350μs 的负脉冲，则是一位 "0"，否则是一位 "1"。检测到一位数据后，将其移入暂存寄存器，满5 位后存入缓冲区。

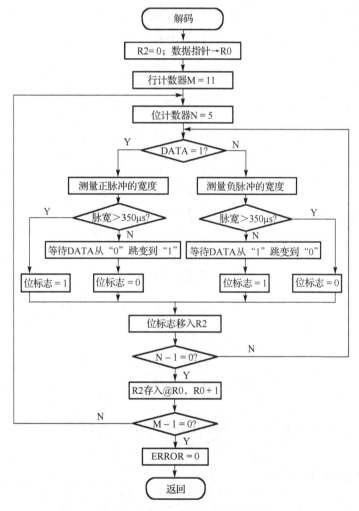

图 5.19 曼彻斯特码解码程序流程

（4）监控主程序

监控主程序是整个软件的主体，在主程序之中，首先进行系统初始化，包括波特率、定时器、中断等的初始化，还有各个变量的初始化，然后启动定时器 T1 输出 250kHz 方波作为载波信号。随后进入系统主循环，开始数据的同步（ID 卡开头 9 个 "1" 的检测，用以数据的同步），然后是剩余数据（55 个数据）的获取，再到数据偶校验，检验获得的数据是否合格，到格式转换，再到串口通信，以此顺序，这样可以保证数据的快速性和准确性，考虑到生产厂家一般都会在出厂的 ID 卡白卡上喷码，其喷码的格式有两种典型的类型，所以为了符合大多数人的要求，在 P1.5 口通过开关接地与否，用户可以通过开关的状态选择数据转化的格式。另外就是韦根格式的输出，用户可以通过 P1.4 的开关状态选择输出与否。主程序的流程如图 5.20 所示。

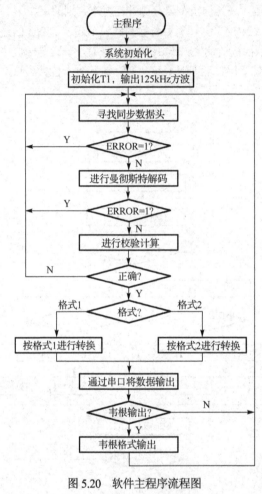

图 5.20　软件主程序流程图

5.3　设计与制作参考题目

1. 应力测试仪的设计

1）设计任务：

以 MCS-51 单片机为核心，采用电阻应变式压力传感器，设计并制作一个应变压力测试仪。

2）设计内容与要求：

① 电阻应变片的基准电阻为 120Ω，灵敏系数为 1.8；

② 应力测试范围为 0～200N；

③ 测量分辨率高于 1N；

④ 用三位 LED 数码显示器显示测量结果。

3）电路结构参考框图：

2. 单点热电偶测温装置的设计

1）设计任务：

以 MCS-51 单片机为核心，采用 K 型热电偶作为温度传感器，设计并制作一个单点热电偶温度测量装置。

2）设计内容与要求：

① 测温范围为 0℃～1000℃；

② 通过测量冷端温度，采用软件法进行冷端补偿；

③ 分辨率为±1℃；

④ 采用 4 位 LED 数码显示器显示测得的温度。

3）电路结构参考框图：

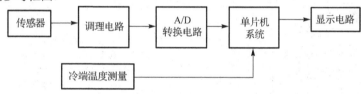

3. 温度的采集与控制系统设计

1）设计任务：

以 MCS-51 单片机为核心，采用 Pt100 铂热电阻作为温度传感器，构成一温度测量与控制系统，将所测温度输出显示，并实现闭环恒温控制。

2）设计内容与要求：

① 采用 Pt100 铂热电阻作为温度传感器；

② 测温范围为 0℃～255℃，分辨率为±1℃；

③ 当采集的温度超过 200℃时，停止加热；低于 200℃时，继续加热，采用继电器控制加热装置；

④ 用一 LED 发光二极管来表示加热状态，当加热时发光二极管点亮，停止加热时发光二极管熄灭。

3）电路结构参考框图：

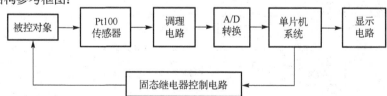

4. V/F 式数字温度计的设计

1）设计任务：

以 MCS-51 单片机为核心，选择适当的温度传感器，经调理电路转换成电压后通过 V/F 变换实现 A/D 转换，转换结果送入单片机处理后输出显示。

2）设计内容与要求：

① 测温范围为0℃～100℃；

② 分辨率为±0.1℃；

③ 选用合适的单片集成 V/F 转换器实现 A/D 转换；

④ 测量结果采用字符型（16×2）液晶显示器进行显示。

3）电路结构参考框图：

5. 8 路数据循环采集系统设计

1）设计任务：

以单片机为核心，设计一个对 8 路压力信号进行循环采集与显示的数据采集系统。

2）设计内容与要求：

① 应变式压力传感器的输出信号范围为 0～20mA，对应的绝对压力范围为 0～1.0MPa；

② 压力的测量范围为 0～500kPa 绝压；

③ 测量分辨率高于±1kPa；

④ 采用液晶显示器进行循环显示，显示压力的通道号、大小和单位。

3）电路结构参考框图：

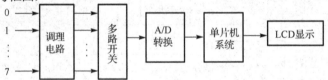

6. 波形发生器的设计

1）设计任务：

以 MCS-51 单片机为核心，设计并制作一个波形发生器，输出正弦波、方波和三角波等函数信号。

2）设计内容与要求：

① 输出波形的频率范围为 100Hz～1kHz；

② 输出波形的峰-峰值幅度范围为 0～5V 可调；

③ 频率误差小于 1%；

④ 可通过键盘进行三种波形的输出切换；

⑤ 显示输出波形的频率和幅度值。

3）电路结构参考框图：

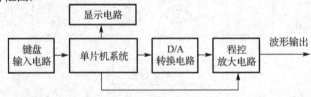

7. PWM 信号波形发生器的设计

1）设计任务：

以 MCS-51 系列单片机为核心，通过选择具有 PWM 波形输出功能的微处理器，或以外部扩展定时/计数器方式输出一路脉冲宽度调制信号，用于控制小型直流电机的转速。

2）设计内容与要求：

① PWM 信号的频率为 500Hz；

② 通过键盘来调节 PWM 波的脉冲宽度，调节范围为 0～100%；

③ 采用 LED 数码显示器显示 PWM 波的占空比；

④ 用示波器观察输出波形，正确后通过设计匹配的开关驱动电路控制小型直流电机的转速。

3）电路结构参考框图：

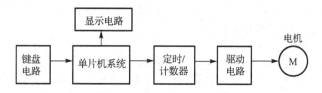

8. 定时打铃器的设计

1）设计任务：

以单片机为核心，设计一通过继电器控制定时输出打铃的打铃控制器，电铃为 220Vac 交流驱动，功率小于 100W，定时打铃的时间通过键盘设定。

2）设计内容与要求：

① 具备电子时钟功能，显示时钟格式：**时**分**秒；

② 通过键盘设定定时打铃的时间点，至少可设置 10 个定时时间点；

③ 定时时间到启动打铃，打铃持续 1min，然后自动关闭。

3）电路结构参考框图：

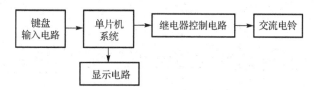

9. 出租车计价器的设计

1）设计任务：

以单片机为核心，设计一个城市出租车运营所需的计价器，从乘客上车开始计价，实时显示车租车行驶的公里数和价格。

2）设计内容与要求：

① 输入密码后可预置起步价及单价，如起步 3 千米 6.00 元；1.60 元/千米等；

② 具有不同的收费标准，如白天、晚上收费要不同，可根据时钟计时自动切换；

③ 具有暂停计价和继续开始计价的功能；

④ 具备查阅上车时间、下车时间、行驶千米数等相关信息的功能。

3）电路结构参考框图：

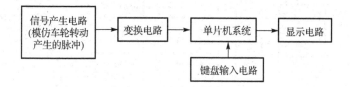

10. 简易电子琴的设计

1）设计任务：

以单片机为核心，通过设计一音调发生器和简易琴键，设计并制作一个简易电子琴。

2）设计内容与要求：

① 利用简易琴键可弹奏简单的乐曲，具有 1、2、3、4、5、6、7 音符，并有中、低音音调之分；

② 要求按键按下时发出相应的音调声，音调发声持续到琴键松开；

③ 在弹奏的过程中，当一琴键按下发出音调的同时又有一键按下时，输出后面琴键的音调；

④ 可自动演奏两首以上的简易歌曲。

3）电路结构参考框图：

11. 智能密码锁的设计

1）设计任务：

以单片机为核心，设计一个通过面板键盘输入密码的数字式密码锁控制系统。

2）设计内容与要求：

① 密码通过面板键盘输入，由 4～6 位数字组成；

② 输入的密码与密钥相符时，控制一继电器开锁，三次不符时，声光报警；

③ 密钥可以通过面板键盘更新；

④ 采用液晶显示器显示密码输入过程、密码输入错误等相关信息。

3）电路结构参考框图：

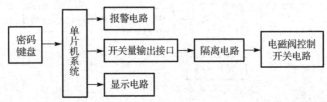

12. 步进电机驱动器的设计

1）设计任务：

采用单片机控制技术，设计一个驱动三相六拍步进电机运行的步进电机驱动器。

2）设计内容与要求：

① 通过键盘控制步进电机的正转、反转和停止；

② 可通过键盘设定步进电机手动控制时的运转速度；

③ 可通过外部脉冲启动步进电机的运转，一个脉冲步进电机正转一步，最高脉冲频率为 2.0kHz；

④ 通过 LED 显示器显示步进电机的运转状态。

3）电路结构参考框图：

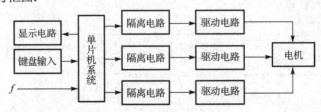

13．微电脑相位测试仪的设计

1）设计任务：

采用单片机技术设计一个测量两个同频信号之间相位差的相位测试仪，一路信号由信号源提供，另一路信号可通过移相获取。

2）设计内容与要求：

① 频率变化范围为 50Hz～5kHz；

② 测量分辨率为 1.0°；

③ 信号幅度为 $1.0V_{pp}$～$5.0V_{pp}$；

④ 测量结果采用 4 位 LED 数码管进行显示；

⑤ 可选择测量正弦波、方波和三角波的相位差。

3）电路结构参考框图：

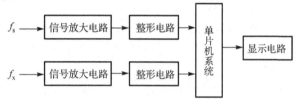

14．数字式频率计的设计

1）设计任务：

以 MCS-51 单片机为核心，设计对信号频率进行测量的数字式频率计。

2）设计内容与要求：

① 频率测量范围为 100Hz～100kHz；

② 频率信号幅度为 $1.0V_{pp}$～$5.0V_{pp}$；

③ 测量精度为±1%；

④ 采用 6 位 LED 数码管显示测量结果；

⑤ 可选择测量正弦波、方波和三角波信号；

3）电路结构参考框图：

15．微波炉控制器的设计

1）设计任务：

运用单片机控制技术，设计控制简易微波炉工作的微波炉控制器。

2）设计内容与要求：

① 用 4 位 LED 数码管显示工作时间（**分**秒）；

② 检测微波炉门的开关状态，关门后才可以启动，开门不能启动，且需开灯指示；

③ 微波火力可以调节，功率调整分 10 挡，功率控制的方法是通过对磁控管歇间通电来调节的，具体建议采用 10s 周期的 PWM 来控制；

④ 可对工作时间和微波火力分别进行设定。时间设定范围为 1～59min，最小可设到 10s；

⑤ 启动后以倒计数方式计时，时间结束停止工作，并发声报警。

3）电路结构参考框图：

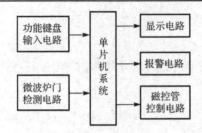

16．消毒柜微电脑控制器的设计

1）设计任务：

运用单片机控制技术，设计控制简易消毒碗柜工作的消毒柜控制器。

2）设计内容与要求：

① 设置三个功能键：消毒、烘干、停止；

② 按"消毒"键，通过继电器接通加热器开始加热，当温度达到100℃时，保持15min；

③ 按"烘干"键，温度在50℃以下接通加热器，到70℃关闭加热器，烘干时间可设置；

④ 按"停止"键，则停止工作；

⑤ 具有工作时间和温度显示，以及消毒、烘干、停止的状态指示。

3）电路结构参考框图：

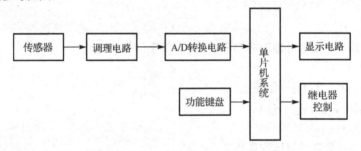

17．微电脑交通灯控制系统的设计

1）设计任务：

以单片机为核心，设计用于街道十字路口交通信号灯控制的交通灯控制系统。

2）设计内容与要求：

① 东西和南北方向各设两组"红、黄、绿"三种信号灯，总共有12个灯需要控制，每个灯的功率为220Vac/0.5A，亦可考虑选择节能光源；

② 东西路口的绿灯亮，南北路口的红灯亮，东西路口方向通车，持续时间为 t1 秒后转入下一状态；

③ 东西路口的绿灯熄灭，黄灯开始亮，持续时间为 t2 秒后转入下一状态；

④ 东西路口红灯亮，同时南北路口的绿灯亮，南北路口方向开始通车，持续时间为 t3 秒后转入下一状态；

⑤ 南北路口的绿灯熄灭，黄灯开始亮，持续时间为 t4 秒后转入下一状态；

⑥ 重复以上②～⑤步的过程；

⑦ 可通过键盘输入 t1～t4 这4个持续时间，同时安排两个紧急放行控制键；

⑧ 通过 LED 数码显示器显示各路信号灯的工作状态和倒计时时间。

3）电路结构参考框图：

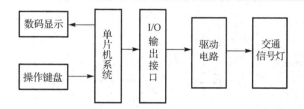

18. 自动往返电动小车控制器设计

1）设计任务：

以单片机为核心，采用光电传感器检测跑道上的标记，控制小车能自动往返行驶。

2）设计内容与要求：

① 白色跑道上设置一根黑色起点线和一根黑色终点线；

② 设有启动按键；

③ 实现小汽车从起点线前开动，然后自动行驶，当走到终点线后自动倒车；当倒回起点线后自动停车。

3）电路结构参考框图：

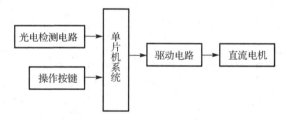

19. 摩托车测速表的设计

1）设计任务：

以单片机为核心，设计一个显示摩托车的行驶速度的数字式摩托车测速表。

2）设计内容与要求：

① 利用光电转换器实现摩托车车轮转速的传感，车轮每转一圈，产生一个脉冲；

② 车轮的外径可预先设定；

③ 测速范围：1～80km/h；

④ 采用液晶显示器显示测得的速度，单位为 km/h，要求显示到小数点后一位。

3）电路结构参考框图：

20. 微电脑电阻、电容参数测试仪的设计

1）设计任务：

采用单片机技术，实现对电阻、电容参数的测量与显示。

2）设计内容与要求：

① 电阻测量范围：100Ω～10kΩ；

② 电容测量范围：10～1000pF；

③ 测量误差：≤±2%；

④ 采用字符型（16×2）液晶显示器显示所测得的参数。

3）电路结构参考框图：

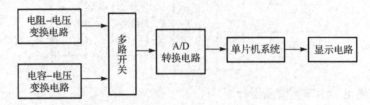

21. 电网电压监测系统的设计

1）设计任务：

利用单片机技术，实现对电网电压进行实时监测。

2）设计内容与要求：

① 电网电压的监测范围为 160～260V$_{ac}$，采用取样变压器将电网电压转换成弱电低压信号；

② 电压的测量精度高于 2.0V$_{ac}$；

③ 采用液晶显示器实时显示实测的电网电压值，超出监测范围时，发出声光报警信号。

3）电路结构参考框图：

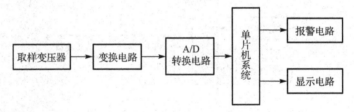

22. 相对湿度测量仪的设计

1）设计任务：

利用单片机技术，设计对空气相对湿度进行测量、显示的智能化湿度测量仪。

2）设计内容与要求：

① 传感器采用 HS 系列电容式相对湿度传感器；

② 相对湿度测量范围为 0%～100%；

③ 建议电容变换电路工作在约 10kHz 的频率上；

④ 采用 LED 数码显示器显示测得的相对湿度值。

3）电路结构参考框图：

23. 基于时钟芯片的日历电子钟设计

1）设计任务：

利用 MCS-51 单片机和串行接口时钟芯片设计可显示日历、时钟等信息的多功能时钟系统。

2）设计内容与要求：

① 选择一款具有串行接口功能的日历时钟芯片进行设计；

② 采用 LED 数码显示器显示年、月、日，时、分、秒等信息；

③ 具有时间校准、设置闹铃的功能；

④ 具有掉电保护功能，断电后时钟芯片需继续工作。

3）电路结构参考框图：

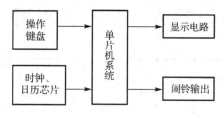

24. 红外遥控信号接收解码器设计

1）设计任务：

利用 MCS-51 单片机设计可接收红外遥控信号并进行解码的接收解码系统，并实现对一执行机构的遥控。

2）设计内容与要求：

① 红外接收器建议选用一体化通用红外接收头；

② 解码后将红外遥控器发出的信息显示在 LCD 液晶显示器上；

③ 以密码保护方式遥控继电器的闭合与释放。

3）电路结构参考框图：

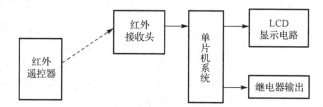

注：以上各课程设计参考题目的设计内容与要求为题目的基本要求，指导教师可根据学生及课程设计条件的具体情况在其基础上进一步补充完善，同时增加让学生自主发挥的部分。

附录 A ASCⅡ码表

行 \ 低	列 / 高	0 000	1 001	2 010	3 011	4 100	5 101	6 110	7 111
0	0000	NUL	DLE	SP	0	@	P	`	p
1	0001	SOH	DC1	!	1	A	Q	a	q
2	0010	STX	DC2	"	2	B	R	b	r
3	0011	ETX	DC3	#	3	C	S	c	s
4	0100	EOT	DC4	$	4	D	T	d	t
5	0101	ENQ	NAK	%	5	E	U	e	u
6	0110	ACK	SYN	&	6	F	V	f	v
7	0111	BEL	ETB	'	7	G	W	g	w
8	1000	BS	CAN	(	8	H	X	h	x
9	1001	HT	EM	)	9	I	Y	i	y
A	1010	LF	SUB	*	:	J	Z	j	z
B	1011	VT	ESC	+	;	K	[	k	{
C	1100	FF	FS	,	<	L	\	l	|
D	1101	CR	GS	-	=	M	]	m	}
E	1110	SO	RS	.	>	N	Ω	n	~
F	1111	SI	US	/	?	O	←	o	DEL

控制符号的定义

NUL	Null	空白	DLE	Data line escape	转义
SOH	Start of heading	序始	DC1	Device control 1	机控 1
STX	Start of text	文始	DC2	Device control 2	机控 2
ETX	End of text	文终	DC3	Device control 3	机控 3
EOT	End of tape	送毕	DC4	Device control 4	机控 4
ENQ	Enquiry	询问	NAK	Negative acknowledge	未应答
ACK	Acknowledge	应答	SYN	Synchronize	同步
BEL	Bell	响铃	ETB	End of transmitted block	组终
BS	Backspace	退格	CAN	Cancel	作废
HT	Horizontal tab	横表	EM	End of medium	载尽
LF	Line feed	换行	SUB	Substitute	取代
VT	Vertical tab	纵表	ESC	Escape	换码
FF	Form feed	换页	FS	File separator	文件隔离符
CR	Carriage return	回车	GS	Group separator	组隔离符
SO	Shift out	移出	RS	Record sparator	记录隔离符
SI	Shift in	移入	US	Union Separator	单元隔离符
SP	Space	空格	DEL	Delete	删除

附录 B　键盘、显示相关参考子程序

1. 8255 键盘、显示子程序

1）8255 初始化子程序

```
                            ;8255 工作方式初始化
    Init55: MOV A,#89H      ;方式 0，PA、PB 输出，PC 输入
            MOV DPTR,#0FF23H ;8255 的控制口地址
            MOVX @DPTR,A
            RET
```

2）显示扫描子程序

```
                              ;8255 显示扫描子程序 Disp55
                              ;入口：在 D_buf 显示缓冲区的待显数字或符号
                              ;出口：D_buf[0]显示在最左边的 LED 上
                              ;      D_buf[5]显示在最右边的 LED 上
                              ;本子程序调用了一个延时 1ms 的子程序 DL1
    Disp55: MOV  R0,#D_buf    ;R0 指针指向显示缓冲区首址
            MOV  R3,#0DFH     ;准备从最左边 LED 开始显示，位控码为 DEH
    LP0:    MOV  DPTR,#0FF21H ;8255 的 PB 口地址，控制 LED 的段控端
            MOV  A,@R0        ;从显示缓冲区取数
            ADD  A,#TAB-$-3   ;从 TAB 字形表中查对应的字型控制码
            MOVC A,@A+PC
            MOVX @DPTR,A      ;将查得的字形码送 8255 的 PB 口
            MOV  A,R3         ;从 R3 中取回位控码
            MOV  DPTR,#0FF20H ;8255 的 PA 口地址，控制 LED 的位控端
            MOVX @DPTR,A      ;将位控码送 8255 的 PA 口
            ACALL DL1         ;延时 1ms
            MOV  A,#FFH       ;显示下一位前先关闭上一位显示
            MOVX @DPTR,A
            INC  R0           ;调整指针
            MOV  A,R3         ;取回位控码
            JNB  ACC.0,LP1    ;若将所有 6 个数码管都扫描过，则跳转到返回
            RR   A            ;调整位控码，准备显示下一位数码
            MOV  R3,A         ;将位控码存回 R3
            SJMP LP0          ;跳转到显示下一位数码
    LP1:    RET
                              ;0～9，A～F 及部分字母的字形表
    TAB:    DB 0C0H,0F9H,0A4H,0B0H,99H,92H,82H,0F8H
            DB 80H,90H,88H,83H,0C6H,0A1H,86H,
            DB 8EH,0FFH,0CH,89H,7FH,0BFH
                              ;1ms 延时子程序
    DL1:    MOV  R7,#02H
```

```
DL:     MOV R6,#0FFH
DL6:    DJNZ R6,DL6
        DJNZ R7,DL
        RET
```

3）键盘扫描子程序

```
                                ;8255 键盘管理子程序
                                ;当无键按下时，A = FFH
                                ;有键按下时，A = 键号(00H～17H)
KEY55:  MOV  DPTR,#0FF20H       ;8255 的 PA 口地址
        MOV  A,#00H
        MOVX @DPTR,A            ;PA 口输出全'0'，判断有无键按下
        INC  DPTR              ;DPTR 指向 PC 口
        INC  DPTR
        MOVX A,@DPTR           ;从 PC 口读回行值
        CPL  A                 ;没键按下时为高电平
        ANL  A,#0FH            ;屏蔽 PC7～PC4
        JNZ  LK2              ;不为'0'，说明有键按下
LK0:    CLR  00H              ;建无键标志
LK1:    MOV  A,#0FFH          ;A = FFH 表示没键按下
        RET
LK2:    ACALL  DL1            ;延时
        ACALL  DL1            ;
        MOV  R2,#08H          ;准备逐行扫描
        MOV  R3,#0FEH         ;首行扫描控制码，只有一行为低电平
LK3:    MOV  DPTR,#0FF20H     ;8255 的 PA 口地址
        MOV  A,R3             ;取出扫描控制码
        MOVX @DPTR,A          ;输出使某列为低
        RL  A                ;准备下一行扫描
        MOV R3,A             ;
        INC  DPTR           ;DPTR 指向 PC 口
        INC  DPTR           ;
        MOVX A,@DPTR        ;从 PC 口读回行值
        CPL  A
        ANL  A,#0FH         ;屏蔽 PC7～PC4
        JNZ  LK4          ;不为'0'，说明有键按下
        DJNZ R2,LK3        ;继续下列扫描
        SJMP LK0          ;无键按下
LK4:    SWAP A            ;将行、列值组装成一字节
        ORL  A,R2
        MOV  B,A
        JB  00H,LK1       ;键未释放，则停止
        MOV  DPTR,#KTAB   ;开始查表
        MOV  R3,#17H      ;共有24个键
LK5:    MOV  A,R3
        MOVC A,@A+DPTR    ;取出键值表中的键码
        CJNE A,B,LK7      ;进行比较，相同则 R3 为键号，否则继续查找
```

```
LK6:     SETB 00H                    ;查到键号，置标志
         MOV A,R3                    ;将键号送 A，返回
         RET
LK7:     DJNZ R3,LK5                 ;继续查表、比较
         SJMP LK6
                                     ;键值表
KTAB:    DB 27H,28H,26H,24H,17H,15H,13H,18H,16H,14H,12H,11H
         DB 22H,21H,23H,25H,48H,47H,88H,87H,42H,42H,82H,81H
```

2. 8279 键盘、显示子程序

```
Data_Address EQU    0FF80H          ;8279 数据口
Ctrl_Address EQU    0FF81H          ;8279 命令、状态口
```

1）初始化子程序

```
                                     ;8279 初始化子程序
INT_79: MOV DPTR,#Ctrl_Address       ;设置 8279 命令、状态口地址
        MOV A,#0DFH                  ;清除命令
        MOVX @DPTR,A
LP0:    MOVX A,@DPTR                 ;读回状态字
        JB ACC.7,LP0                 ;通过状态字中的 DU 判断清除是否结束
        MOV A,#00H                   ;设置键盘、显示器工作方式
        MOVX @DPTR,A
        MOV A,#32H                   ;设置时钟分频系数
        MOVX @DPTR,A
        RET
```

2）显示子程序

```
                                     ;8279 显示子程序
                                     ;待显示数据存放在显示缓冲 D_buf[0]～D_buf[5]
DISP79: MOV DPTR,#Ctrl_Address       ;8279 命令口地址
        MOV A,#90H                   ;设置写显示 RAM 命令
        MOVX @DPTR,A
        MOV R0,#D_buf                ;显示缓冲区首址
        MOV R3,#06H                  ;显示位数
LP:     MOV DPTR,#TAB1               ;字型表首址
        MOV A,@R0
        MOVC A,@A+DPTR               ;查字形表
        MOV DPTR,#Data_Address       ;8279 数据口地址
        MOVX @DPTR,A                 ;查表得到的字形码送 8279 内的显示 RAM
        INC R0                       ;调整显示指针
        DJNZ R3,LP
        RET
                                     ;字形表
TAB1:   DB 0CH,9FH,4AH,0BH,99H,29H,28H,8FH,08H,09H,88H
        DB 38H,6CH,1AH,68H,0E8H,0FFH,0c8H,78H,0FAH,0FBH,0BAh
```

3）键盘子程序

```
                                    ;8279 键盘管理子程序
                                    ;当无键按下时，A = FFH
                                    ;有键按下时，A = 键号(00H～17H)
        KEY_79: MOV DPTR,#Ctrl_Address  ;8279 状态口地址
                MOVX A,@DPTR            ;读回状态字
                ANL A,#0FH             ;屏蔽状态字中的高位，留下 FIFO 中的字符数
                JNZ KEY_B1            ;如果字符数大于 0，转读 FIFO 数据
                MOV A,#0FFH           ;否则 A = FFH，表示无键按下
                RET
        KEY_B1: MOV A,#40H            ;设置读 FIFO 命令
                MOVX @DPTR,A          ;将读 FIFO 命令送命令口
                MOV DPTR,#Data_Address  ;设置 FIFO 数据口地址
                MOVX A,@DPTR          ;读回 FIFO 数据
                MOV R0,A             ;将数据暂存在 R0
                MOV DPTR,#KEY_TAB     ;设置键值表首址，准备查表
                MOV R7,#18H          ;共有 24 个键
                MOV R2,#00H          ;从'0'键开始查表
        KEY_B2: CLR A
                MOVC A,@A+DPTR        ;从表中取出键值
                CLR C
                SUBB A,R0            ;与从 FIFO 中读到的数据相比较
                JZ KEY_B3            ;相同，则将 R2 内容作为键号
                INC DPTR            ;否则，调整指针，从表中取下一个键值
                INC R2              ;将键号值加 1
                DJNZ R7,KEY_B2
        KEY_B3: MOV A,R2            ;将键号值送 A 寄存器
                RET
                                    ;键值表
        KEY_TAB:DB 0C9H,0C1H,0D1H,0E1H,0C8H,0D8H,0E8H,0C0H
                DB 0D0H,0E0H,0F0H,0F8H,0F1H,0F9H,0E9H,0D9H
                DB 0C2H,0CAH,0C3H,0VBH,0F2H,0FAH,0F3H,0FBH
```

附录 C　实验元器件参数表

附表 C.1　直流电机参数

型号	名称	额定电压	适用范围	额定转速	额定功率
M25E-4	有刷直流电动机	5V	DVD/VCD	2000rpm	0.1W

附表 C.2　减速步进电机性能参数

型号（名称）	额定电压	相数	减速比	步距角	驱动方式	相电阻	空载牵入频率	空载牵出频率	噪声
24BYJ48	5V	4 相	1/64	5.625°/64	4 相 8 拍	130Ω±7%（20℃）	≥500Hz	≥1000Hz	<40dB

附表 C.3　电阻应变计（压力传感器）参数

型　号	电阻值/Ω	灵敏系数	级　别
BQ120-5AA	119.9 ±0.1	2.14 ±1%	A

附表 C.4　铂热电阻在 0℃～ 100℃时的电阻值与温度之间的关系

	0	1	2	3	4	5	6	7	8	9
0℃	100.0	100.4	100.8	101.2	101.6	102.0	102.3	102.7	103.1	103.5
10℃	103.9	104.3	104.7	105.1	105.5	105.8	106.2	106.6	107.0	107.4
20℃	107.8	108.2	108.6	109.0	109.3	109.7	110.1	110.5	110.9	111.3
30℃	111.7	112.1	112.4	112.8	113.2	113.6	114.0	114.4	114.8	115.2
40℃	115.5	115.9	116.3	116.7	117.1	117.5	117.9	118.2	118.6	119.0
50℃	119.4	119.8	120.2	120.5	120.9	121.3	121.7	122.1	122.5	122.9
60℃	123.2	123.6	124.0	124.4	124.8	125.2	125.5	125.9	126.3	126.7
70℃	127.1	127.5	127.8	128.2	128.6	129.0	129.4	129.7	130.1	130.5
80℃	130.9	131.3	131.7	132.0	132.4	132.8	133.2	133.6	133.9	134.3
90℃	134.7	135.1	135.5	135.8	136.2	136.6	137.0	137.4	137.7	138.1
100℃	138.5									

附表 C.5　LED 数码显示字形表

代码	D7	D6	D5	D4	D3	D2	D1	D0	字符
HEX	dp	g	f	e	d	c	b	a	
C0	1	1	0	0	0	0	0	0	0
F9	1	1	1	1	1	0	1	0	1
A4	1	0	1	0	0	1	0	0	2
B0	1	0	1	1	0	0	0	0	3
99	1	0	0	1	1	0	0	1	4
92	1	0	0	1	0	0	1	0	5
82	1	0	0	0	0	0	1	0	6
F8	1	1	1	1	1	0	0	0	7
80	1	0	0	0	0	0	0	0	8
90	1	0	0	1	0	0	0	0	9

代码	D7	D6	D5	D4	D3	D2	D1	D0	字符
HEX	dp	g	f	e	d	c	b	a	
88	1	0	0	0	1	0	0	0	A
83	1	0	0	0	0	0	1	1	B
C6	1	1	0	0	0	1	1	0	C
A1	1	0	1	0	0	0	0	1	D
86	1	0	0	0	0	1	1	0	E
8E	1	0	0	0	1	1	1	0	F
FF	1	1	1	1	1	1	1	1	
0C	0	0	0	0	1	1	0	0	P.
89	1	0	0	0	1	0	0	1	H
7F	0	1	1	1	1	1	1	1	.
BF	1	0	1	1	1	1	1	1	—

附录 D　实验常用芯片引脚图

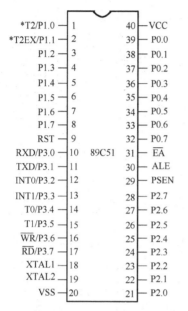

附图 D.1　89C51 引脚图（*89C52 具有）

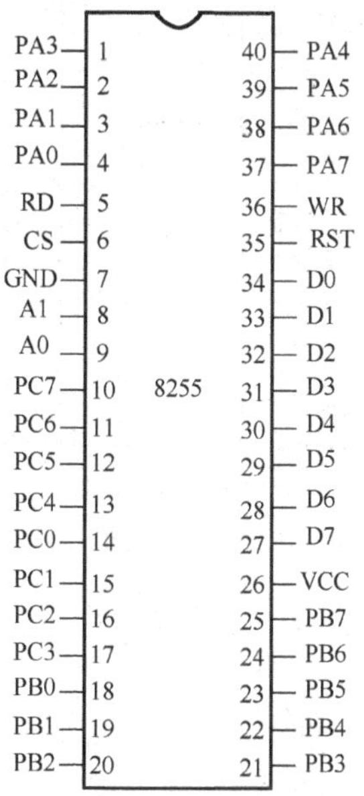

附图 D.2　8255 引脚图（可编程并行接口）

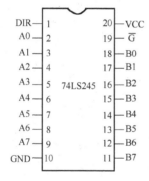

附图 D.3　74LS245 引脚图（八总线收发器）

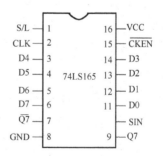

附图 D.4　74LS165 引脚图

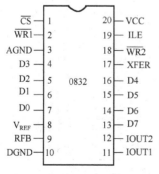

附图 D.5　DAC 0832 引脚图（数模转换电路）

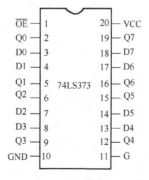

附图 D.6　74LS373 引脚图（8D 锁存器）

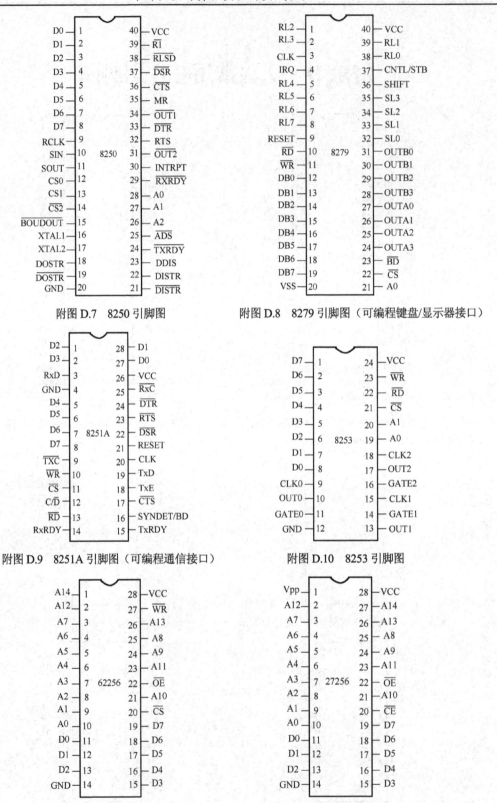

附图 D.7　8250 引脚图

附图 D.8　8279 引脚图（可编程键盘/显示器接口）

附图 D.9　8251A 引脚图（可编程通信接口）

附图 D.10　8253 引脚图

附图 D.11　62256 引脚图（32K RAM）

附图 D.12　27256 引脚图（32K EPROM）

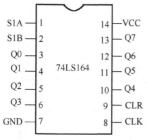

附图 D.13　74LS164 引脚图
（8 位串入并出移位寄存器）

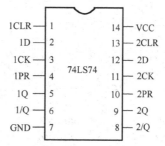

附图 D.14　74LS74 引脚图
（双 D 型触发器）

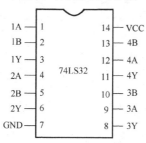

附图 D.15　74LS32 引脚图
（2 输入四正或门）

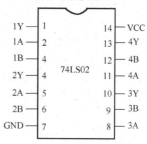

附图 D.16　74LS02 引脚图
（2 输入四正或非门）

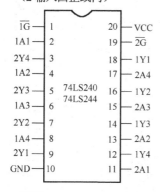

附图 D.17　74LS244 引脚图
（八缓冲器/线驱动器/线接上器）

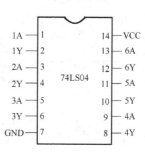

附图 D.18　74LS04 引脚图

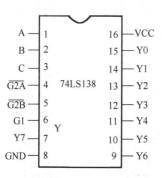

附图 D.19　74LS138 引脚图
（3-8 线译码器）

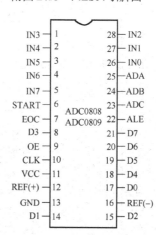

附图 D.20　ADC0809 引脚图
（数模转换电路）

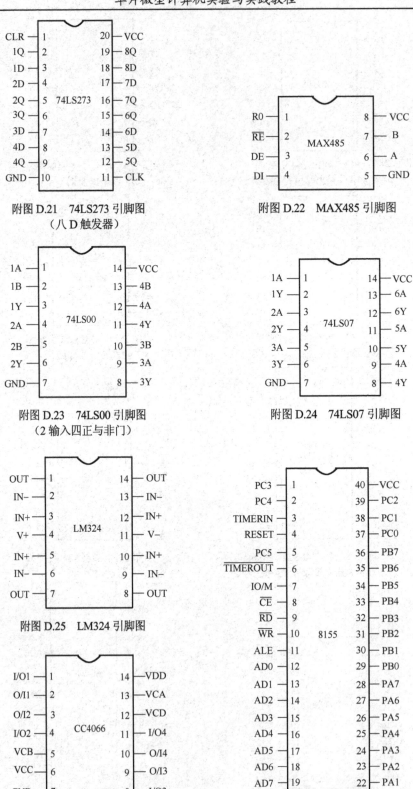

附图 D.21　74LS273 引脚图
（八 D 触发器）

附图 D.22　MAX485 引脚图

附图 D.23　74LS00 引脚图
（2 输入四正与非门）

附图 D.24　74LS07 引脚图

附图 D.25　LM324 引脚图

附图 D.26　CC4066 引脚图

附图 D.27　8155 引脚图

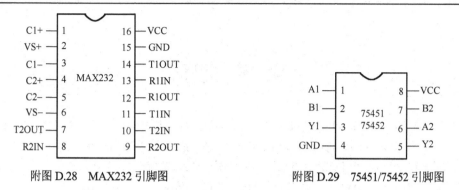

附图 D.28 MAX232 引脚图   附图 D.29 75451/75452 引脚图

参 考 文 献

[1] 张友德，赵志英，涂时亮. 单片微型机原理、应用与实验（第 4 版）[M]. 上海：复旦大学出版社，2000.

[2] 胡汉才. 单片机原理及其接口技术（第 2 版）[M]. 北京：清华大学出版社，2004.

[3] 万福君等. MCS-51 单片机原理、系统设计与应用[M]. 北京：清华大学出版社，2008.

[4] 何立民. MCS-51 单片机应用系统设计[M]. 北京：北京航空航天大学出版社，1990.

[5] 张毅刚，彭喜元. 单片机原理与应用设计[M]. 北京：电子工业出版社，2008.

[6] 张毅刚. 单片机原理及接口技术（C51 编程）[M]. 北京：人民邮电出版社，2011.

[7] 李华. MCS-51 系列单片机实用接口技术[M]. 北京：北京航空航天大学出版社，1993.

[8] 苏家健，曹柏荣，汪志锋. 单片机原理及应用技术[M]. 北京：高等教育出版社，2004.

[9] 沙占友，王彦朋，孟志永. 单片机外围电路设计[M]. 北京：电子工业出版社，2003.

[10] 房小翠. 单片机实用系统设计[M]. 北京：国防工业出版社，1999.

[11] 武自芳，虞鹤松，王秋才. 微机控制系统及其应用（第 4 版）[M]. 北京：电子工业出版社，2007.

[12] 付家才. 单片机实验与实践[M]. 北京：高等教育出版社，2006.

[13] 胡汉才. 单片机原理及其接口技术学习辅导与实践教程[M]. 北京：清华大学出版社，2004.

[14] 于殿泓，王新年. 单片机原理与程序设计实验教程[M]. 西安：西安电子科技大学出版社，2007.

[15] 田希晖，薛亮儒. C51 单片机技术教程[M]. 北京：人民邮电出版社，2007.

[16] 邓红，张越. 单片机实验与应用设计教程[M]. 北京：冶金工业出版社，2004.

[17] 蔡美琴等. MCS-51 系列单片机系统及其应用（第 2 版）[M]. 北京：高等教育出版社，2004.

[18] 徐爱钧. 智能化测量控制仪表原理与设计[M]. 北京：北京航空航天大学出版社，1995.

[19] 赵茂泰. 智能仪器原理及应用（第 3 版）[M]. 北京：电子工业出版社，2009.

[20] 林立等. 单片机原理及应用——基于 Proteus 和 Keil C[M]. 北京：电子工业出版社，2009.

[21] 徐敏. 单片机原理及应用[M]. 北京：机械工业出版社，2012.

[22] 李林功等. 单片机原理与应用[M]. 北京：机械工业出版社，2014.